காற்றாலை

வி.எஸ்.ரோமா

பொருளடக்கம்

1

காற்றாலை

━━━━━━━━━ ᎣᎣ ━━━━━━━━━

1. பேய்க் காற்று

மாம்பிஞ்சுகள் விடத் தொடங்கியிருந்தது காலம். மாங்காய்-
களை கூடை நிறைய எடுத்து வந்து துண்டாக்கி, உப்பும்
மிளகாய்த்தூளும் போட்டு, சாப்பிட சுவையாக விற்பாள்
மிட்டாய்க் கிழவி. மாங்காயின் புளிப்பு பிள்ளைகளின் நாக்-
கில் எச்சில் ஊறச் செய்யும். தமிழரசிதான் எப்பொழுதும்
தின்பண்டம் வாங்க காசு கொண்டு வருவாள். அவளின்
அப்பா பணக்காரர்.

~பணக்காரர்| என்றால் என்னவென்று சுப்ரு கேட்டான்.

"பெட்டி நிறைய காசு வச்சிருக்கிறவங்க பணக்காரங்க..."
என்று மருதன் சொன்னதும், "என் அப்பா பெட்டியில கூட
நிறைய காசு இருக்கு!" என்றான் சுப்ரு.

தரணியும் மருதனும் சிரித்தார்கள். சுப்ருவுக்கு அப்பாவும்
கிடையாது பெட்டியில் காசும் கிடையாது. காசில்லாத
அம்மா மட்டும்தான். அவன் ஏழை.

"உன் அப்பா பொட்டியில காசு இருக்காதுடா, தூசுதான்
இருக்கும். நீ எழைடா"

ஏழை என்று சொன்னதும் சுப்ருவுக்கு கோபம் வந்துவிட்டது. கரண்ட் கம்பத்தருகே உட்கார்ந்து வெகு நேரம் அழுதான். பரிதாபப்பட்டு தமிழரசிதான் தின்பதற்கு வாங்கிக் கொடுத்து சமாதானம் செய்து வைத்தாள். தமிழரசி வாங்கிக்கொடுத்ததைத் தின்ற பிறகும்கூட ஏழை என்று சொல்லிய அவமானம் போகவில்லை. "நாளைக்கு நான் காசு எடுத்தாரேன் பாரு!" என்று அழுத கண்ணை துடைத்துக்கொண்டு வீட்டுக்குப் போனான்.

மறுநாள் அம்மாவிடம் காசு கேட்டு சுடச்சுட முதுகெல்லாம் காசு வாங்கினான். எல்லோர் வீட்டிலும் அப்பாவும், காசு நிறைந்த பெட்டியும் இருக்கும்போது தன் வீட்டில் இருந்த அப்பாவையும் பெட்டியையும் அம்மா என்ன செய்தாள் என்று புரியாமல் புலம்பியபடியே அவன் பள்ளிக்கு வந்தான்.

சுப்ருவுக்காக காத்திருந்த பிள்ளைகள், "காசு கொண்டாந்தியா...?" என்று கேட்டார்கள். இன்று மிட்டாய்க் கிழவியிடம் மாங்காய் வாங்கித் தின்ன ஆசைப்பட்டது அவர்கள் நாக்கு.

சுப்ரு, நிக்கர் பையில் கைவிட்டு இல்லாத காசைத் தேடினான்.

" வர்ற வழியில மாடு முட்டி கீழ விழுந்துட்டேன். காசு தொலைஞ்சிடிச்சி..." என்றான்.

தரணி, "பொய்யி... பொய்யி!" என்று குதித்தான்.

"மெய்யாலுமே எடுத்தாந்தேன். பாரு இங்க..." என்று தன் முதுகைக் காட்டினான். அம்மா விறகுக் கட்டையில் அடித்தது சிவந்திருந்தது. மாடு முட்டியதாக நம்பி தமிழரசி பரிதாபப்பட்டாள்.

இன்றைக்கு தமிழரசியிடமும் காசு கிடையாது. என்ன செய்வது? மாங்காய் ஆசை பிள்ளைகளை வாட்டியது. மாங்காய் தின்னாமல் பள்ளிக்குப் போவது நரகமாக இருந்தது. சுப்ரு சொன்னான். "எனக்கு மாந்தோப்பு தெரியும். அங்க போனா நிறைய மாங்காய் திங்கலாம்."

“அய்...யைய்யோ...! நான் மாட்டேன். மாந்தோப்புக்கு பீமன் காவல் இருப்பான். மாங்காய் திருடப் போறவங்கள கட்டிவச்சி மாங்காயாலயே ரத்தம் வர்ற வரையிலும் அடிப்-பான்.” தரணி பயந்தான். பீமனைப் பற்றிய அதி பயங்கர-மான கதைகளை தரணியின் அம்மா சொல்லியிருக்கிறாள்.

“பெரியவங்க போனாதான் அப்படி. சின்ன பசங்க போனா பீமனே மாங்காய் அறுத்து கை நிறைய தருவா-னாம்.” சுப்ரு சொன்னான். சுப்ருவுக்கு பயங்கரக் கதைகளை சொல்ல யாரும் கிடையாது. அவனே கதைகட்டிக்கொண்டு சொல்வான்.

பிள்ளைகளுக்கு பயமாகத்தான் இருந்தது ஆனாலும் மாங்காய் ஆசை விடுவதாய் இல்லை. பள்ளிக்கு கிழக்குப் பக்கமாக போக வேண்டியவர்கள், புத்தகப் பைகளை சுமந்-துகொண்டு மேற்குப் பக்கத்து மாந்தோப்பிற்கு நான்கு பேரும் நடையை கட்டினார்கள். தோட்டத்திற்கு முன்பாக பீமன் இருந்தான். பிள்ளைகள் பதுங்கினார்கள். பெரிய மீசையும் முட்டைக் கண்களுமாக இருந்தான். சட்டை போடாமல் உருமால் கட்டிக்கொண்டு உயரமாய் பயமுறுத்திக்கொண்டு நின்றான். இவர்கள் பதுங்கினாலும் அவன் பார்த்துவிட்டான். மிரட்டி பக்கத்தல் வரும்படி சொன்னான். வந்து பயந்து நின்ற பிள்ளைகளிடம் பீமன் கேட்டான், “ஸ்கோலுக்கு போகாம இந்தப் பக்கம் எதுக்குடா வந்தீங்க...? உச்சி வெயில்ல பேய் வரும், தெரியாதா?”

தமிழரசியின் பின்னால் ஒளிந்து நின்ற சுப்ரு பீமனிடம் கேட்டான், “பேய் வந்தா நீ இங்க இருப்பியா...? அதெல்-லாம் வராது. எனக்கு பேயப் பாத்தாலும் பயம் இல்லை” தைர்யமாக சொன்னான்.

பீமனுக்கு கோபமாக வந்தது. சிவந்த கண்களால் சுப்-ருவை முறைத்தான். உச்சி வெய்யிலில் அவன் முகம் வேர்த்து இருந்தது. தன் உருமாலைக் கழட்டி முகத்தை துடைத்துக்கொண்டே, “போடா குள்ளப் பையா? நீ நம்ப மாட்டீயா? தோ... அங்க காத்து சொழன்டு அடிக்கிறது

தெரியுதாடா? அங்க பாரு'' அடர்த்தியான மாந்தோப்பிற்கு தெற்குப் புறத்தில் இருந்த பொட்டல் காட்டைக் காட்டினான்.

பிள்ளைகள் பார்த்தார்கள். தூரத்தில் மண்ணையும் சறகு-களைஞும் வாரி இறைத்தபடி நட்டுக்குத்தலாய் காற்று சுழன்று ஆடிக்கொண்டிருந்தது வெய்யிலில் மினுமினு-வென்று தெரிந்தது.

“அது பேருதான் பேய்க் காத்து. அது நடுவுலதான் பேய் வரும். அது நடுவுல யாராவது மாட்டிக்கிட்டாங்க... அவ்-ளோதான், செத்துப் போயிடுவாங்க.'' பீமன் செத்துப்போன பிணத்துடையதைப் போல கண்களை பெரிதாக்கிக் காண்-பித்து நாக்கை முடிந்தவரை வெளியே தள்ளி பயமுறுத்தி-னான்.

தமிழரசி பயந்து மருதன் கையை பிடித்துக்கொண்டாள். அவள் பயப்படுவதை பார்த்த பீமன் சின்ன சந்தோசத்தில் சொன்னான், “ஆமாண்டி பொண்ணு, பேய்க்கு பொண்-ணுங்கன்னா உசிரு. அது உன்ன அலாக்கா தூக்கிட்டுப் போயி, மரத்து மேல உட்கார்ந்து...'' எப்படி பேய் தமிழர-சியை தூக்கிக்கொண்டு போகும் என்று செய்து காட்டினான்.

தமிழரசி பயத்தில் வெட வெடப்பாகி, “உட்கார்ந்து....?''

“இதோ இங்க நறுக்குனு கடிக்கும்'' என்று தமிழரசியின் கழுத்தைக் தொட்டுக் காண்பித்து, பெரிதாய் வாய் திறந்து கடிப்பது போல வந்தான்.

தமிழரசி ~பே...| என்று கத்தியபடி பின்னால் விழுந்தாள். “விழுந்திட்டியா... ஐயோ சாமி, பேய் இப்ப வந்துடும்... இப்ப வந்துடும். ஐயோ நான் ஓடிப்போறேன்'' என்று பீமன் பொய் பயத்தில் கத்தினான்.

அதைக் கேட்ட தரணி என்பவன் ஒரே ஓட்டமாக ஓட ஆரம்பித்தான். மருதனும் தமிழரசியும் அவன் பின்னால் ஓடினார்கள். பேயைப் பார்த்தால் எனக்கு பயமில்லை என்று சொன்ன சுப்புரு எல்லோருக்கும் முன்பாக ஓடிக்கொண்டி-ருந்தான். பீமன் பேயைப் போல இடி இடியென சிரித்தான்.

மாதம்மாள் தமிழரசி சொன்னதைக் கேட்டு வயிற்றைப்
பிடித்துக்கொண்டு சிரித்தாள். "பூதம் கழுத்தை கடிச்சிடுமா...
எவன் சொன்னது?" தமிழரசியின் கன்னத்தைப் பிடித்து
கொஞ்சியபடி கேட்டாள். முப்பது வயது மாதம்மாளுக்கு
விளையாடும் பிள்ளைகள்தான் ரொம்பப் பிடிக்கும். அவளை
~கல்யாணமாகத திம்மச்சி| என்று தரணியின் அம்மா திட்-
டுவாள். அவளிடம் பிள்ளைகள் கொள்ளைப் பிரியமாக
இருந்தது. அவள் மடியில் தின்பதற்கு எப்பொழுதும்; ஏதா-
வது இருந்துகொண்டே இருக்கும். அதுதான் காரணம்.

"புள்ளங்களா... நீங்க மாந்தோப்புக்கு போயி மாங்கா
அறுக்கக் கூடாதுன்னுதான் பேய் வரும், பூதம் வரும்னு
பயமுறுத்தியிருக்கான் அந்த தடிப்பய பீமன். கட்டாந்தரை-
யில காத்தடிச்சா சருகுங்களும் மண்ணும் மேல பறக்கத்தான்
செய்யும். அதுல பேய் வர சூறைக் காத்து என்ன மாட்டு
வண்டியா...! அந்த பீமனுக்கு நான் தண்ணி காட்டறேன்.
என் கூட வாங்க." என்று அவர்களை திரும்பவும் மாந்-
தோப்பிற்கு கூப்பிட்டாள் மாதம்மாள்.

மாதம்மாள் இருப்பதால் பேய்க்கு கொஞ்சமாக பயந்த
அவர்கள் மாந்தோப்குக்கு கிளம்பினார்கள். மாதம்மாள்
கிளம்புவதற்கு முன் கறிக் குழம்பில் இருந்து பொறுக்கி
எடுக்கப் பட்ட ஆட்டு எலும்புத் துண்டுகளை ஒரு காகி-
தத்தில் சுருட்டி மடியில் வைத்துக்கொண்டாள். "பீமனை
ஏமாத்த நான் இருக்கேன்... அவன் வளக்கிற நாயை
ஏமாத்த இந்த எலும்புத் துண்டு போதும்" என்று சிரித்தாள்
மாதம்மாள்.

மிகப்பெரிய மாந்தோப்பு அது. பீமன் ஒரு குடிசைப்
போட்டு தோப்பின் முன்பக்கம் ஒரு நாயோடு குடித்தனம்
செய்துகொண்டிருந்தான். இவர்கள் தோப்பிற்கு பின்பக்கமாக
போனார்கள். காற்று எக்காளமாக சத்தம்போட்டபடி வீசியது.
பீமன் காட்டியது போல பேய்க் காற்று அப்பொழுது வீச-
வில்லை. அது பிள்ளைகளுக்கு ஆறுதலாக இருந்தது.

தோப்பைச் சுற்றிலுமிருந்த முள்வேலியில் கொஞ்சம் இடைவெளி இருந்த இடத்தில் கவனமாக முள்ளை அப்புறப்படுத்திவிட்டு மாதம்மாள் முதலில் மாந்தோப்பிற்குள் போனாள். பிறகு பிள்ளைகள் ஒவ்வொருவராக உள்ளே போனார்கள். மாதம்மாள் கொண்டுவந்திருந்த எலும்புத் துண்டுகளை கொஞ்ச தூரம்போய் பொட்டுவிட்டு வந்து அதற்கு எதிர்புறமாக பிள்ளைகளை கூட்டிப் போனாள். மாந்தோப்பின் முன் பக்கத்துக் குடிசைக்குள் படுத்துக்கொண்டு பீமன் ~என்னடி முனியம்மா கண்ணுல மைய்யீ..யீ...| என்று குடித்துவிட்டு ராகம் இழுப்பது லேசாக கேட்டது. கூடவே நாயும் ~வள்... வள்...| என்று பாடிக்கொன்டிருந்தது.

மாதம்மாள் தாழ்வாய் இருந்த மரத்திலிருந்து மாங்காய்களை பறித்து பிள்ளைகளிடம் தந்தாள். மடியிலும் சட்டை, கால்சட்டைப் பையிலும் அவர்கள் திணித்துக்கொண்டிருந்தார்கள்.

“சீக்கிரம், சீக்கிரம். அவன் வரதுக்குள்ள ஓடிறணும்.” என்று மாதம்மாள் மாங்காய் பறித்து தன் மடியிலும் கட்டிக்கொண்டிருந்தாள். திடீரென்று நாயின் குரைப்புச் சத்தம் பக்கத்தில் கேட்டது. நாய் அவர்களை நோக்கி வருவது மரத்தின் சந்தில் தெரிந்தது. பீமன் அதன் சங்கிலியை பிடித்துக்கொண்டு வந்தான். ஓடிவரும் நாய் தங்களைக் கடிக்கப்போகிறது என்று பயந்து போனார்கள். ஆனால் நாய் மாதம்மாள் கொட்டிய எலும்பிருக்கும் பக்கமாக பீமனை இழுத்துக்கொண்டு ஓடியது.

“வாங்க அது எலும்பைத் திங்கறதுக்குள்ள நாம போயிடணும்” என்று பிள்ளைகளை இழுத்துக்கொண்டு வந்த வேலிச் சந்திற்கு ஓடினார்கள். இரண்டே வாயில் எலும்பை விழுங்கிவிட்டு வேக வேகமாக இவர்கள் பக்கமாக சத்தம்போட்டு கத்தியபடி ஓடிவந்தது நாய்.

“ஓடியாங்க... ஓடியாங்க... அவன் வரான்!” என்று சொல்லியபடி வேலிக்கு அந்தப்பக்கமாக பிள்ளைகளை

தள்ளி அனுப்பினாள் மாதம்மாள். நான்கு பிள்ளைகளும் சின்ன சின்ன முள் குத்தலோடு வெளியே வந்துவிட்டார்கள். மாதம்மாள் தலை நுழைத்து வேலி தாண்டுவதற்குள் நாய் வந்து அவள் புடவையை கடித்து இழுக்க ஆரம்பித்தது. மருதனும் தமிழரசியும் பயத்தோடு வேலிக்கு மறுபுறம் நிற்க, சுப்ருவும் தரணியும் ஒரே ஓட்டமாக ஓடிவிட்டார்கள்.

நாயை தடுத்து அடக்கிய பீமன், "யாரு, மாதம்மாவா! ஏம்புள்ள, தடிமாடு மாதிரி வளந்துட்டு சின்ன புள்ளைங்க-ளோட சேர்ந்து மாங்கா திருட வரீயே அசிங்கமா இல்ல?" என்று கேட்டான். வேலி மறைப்பில் உருவம் தெரியவில்லை. மாதம்மாள் இன்னும் மாந்தோப்புக்கு உள்ளே இருந்தாள்.

"எனக்கென்ன அசிங்கம். புள்ளைங்க திங்க ஒரு மாங்கா பறிச்சா அது திருட்டா? நீயே புள்ளைங்களுக்குத் தரணும். அத விட்டு பிசாத்து மாங்காய்க்காக பேயி, பூதம்னு புள்-ளைங்கள பயமுறுத்தறீயே. உனக்கு வெக்கமாயில்ல."

"சரி புள்ள, கோவப்படாத. நீ மட்டும் சரின்னு சொல்லு. மாங்கா திங்கறதுக்கு நான் ஏற்பாடு...."

"ஏய் கைய வுடு. மரியாதை கெடும். ஐயோ! நாய் மாதிரி எதுக்கு கடிக்கிற, வலிக்குது."

மாங்காய் பறிப்பவர்களை பேய் அடிப்பது இருக்கட்டும், நாய் கடிப்பது இருக்கட்டும் - பீமன்கூட கடிப்பான் என்று என்று தெரிந்ததும் தமிழரசியும் மருதனும் பயத்தில் ஓடிவந்-துவிட்டார்கள். அத்தனை பயத்திற்குப் பிறகும் கஷ்டத்திற்-குப் பிறகும் பறித்துவந்த மாங்காய் புளிப்பாய் நன்றாகத்தான் இருந்தது.

அதற்குப் பிறகு கொஞ்சம் நாள் சும்மாயிருந்த பிள்ளை-களக்கு மீண்டும் மாங்காய் தின்னவேண்டும் என்று ஆசை வந்தது. "மாங்கா பறிக்கப் போகலாம் தமிழு..."என்று தமி-ழரசியை சுப்ரு விடாமல் நச்சரித்தான். நாய் பயம், பேய் பயம், வேலி மறைவில் கடிக்கும் பீமன் பயம் எல்லாம்தான் இருந்தது. ஆனாலும் மாங்காய் வேட்டைக்கு கிளம்பினார்-கள். உப்பு, மிளகாய்த் தூள் எல்லாம் பொட்டலமாக்கி

எடுத்துக் கொண்டார்கள். பீமன் வந்து பிடிப்பதற்குள் மாங்-
காயை அங்கேயே தின்றுவிடுவது அவர்கள் திட்டம்.

இப்பொழுது பேயைப் பற்றி பயம் கிடையாது, நாயைப்
பற்றித்தான் பயம் அதிகம். அந்த நாயை என்ன செய்வது
என்று புரியாமல் தவித்தார்கள். எலும்புத் துண்டுகூட
கொஞ்சம் நேரம்தான். உபயோகமில்லை. நாய்க்கு வேறு
என்ன பிடிக்கும்...?

"நாய் கண்ணுல மிளகாயப் பொடி போடலாண்டா,
அதுக்கு கண் தெரியாது." என்றான் தரணி.

"வாய்ல தாண்டா நாயி கடிக்கும். அதனால வாயில
போடலாம்..." என்றான் சுப்ரு.

"அப்புறம் மாங்காய்க்கு பொடி வேணுமே..." விசனப்பட்-
டான் மருதன்.

"நாயி வராம இருக்கனுன்னு சாமி கும்பிட்டுக்குவோம்"
என்றாள் தமிழரசி.

பழைய வேலிச் சந்தின் வழியாகவே மெதுவாக மாந்-
தோப்பு உள்ளே போனார்கள். ~என்னடி முனியம்மா|
பாட்டை பீமனும் பாடவில்லை, நாயும் பாடவில்லை. மரம்
உயரமாக இருந்தது. மாதம்மாளுக்கு எட்டிய மரம் பிள்ளை-
கள் யாருக்கும் எட்டவில்;;லை. யாருக்கும் மரம் ஏறத் தெரி-
யாது. மருதன் குனிந்து கொள்ள, தமிழரசி அவன் மேல்
நிற்க, அதற்கு மேல் ஏறிய சுப்ரு கிளையை பிடித்து மரத்-
தில் தொற்றிக்கொண்டான்.

மரத்திலிருந்து எட்டிய மாங்காய்களை அவன் அறுத்துப்
போட, பிள்ளைகள் துணியில் பொறுக்கி வைத்தார்கள். நாய்
குறைக்கும் சத்தம் கேட்டதுமே ஓடிவிட தயாராக முன்-
னேற்பாடாகத்தான் இருந்தார்கள். ஆனால் நாய் குறைப்ப-
தற்கு முன்பாக பக்கத்தில் வந்து பீமன் குறைத்தான். "ஏய்...
யார்ரா அது? என்னடா செய்யறீங்க..?"

பிள்ளைகள் பயத்தில் உறைந்து போய் ஓடக்கூட முடி-
யாமல் நின்றார்கள். தூரத்தில் இருந்திருந்தால் ஓடியிருக்க-
லாம். பக்கத்தில் எட்டிவிடும் தூரத்தில் பீமன் வந்து குரல்

கொடுத்தான். அவ்வளவு உயர மரத்தில் குள்ளன் சுப்ருவைப் பார்த்ததும் பீமனுக்கு கோபம் வந்துவிட்டது. “டேய் குள்ளா, இங்க வரக்கூடாதுன்னு சொன்னேனில்ல...”

“பந்து விளையாடிட்டு இருந்தோம். மரத்து மேல விழுந்திடுச்சி. அதான் எடுக்க வந்தோம.;” என்றான் சுப்ரு. ஊருக்கும் தோப்புக்கும் ஒரு மைல் தூரம். ஆனால் தப்பிக்க சுப்ரு பேசும் பொய்யிக்கும் வாயிக்கும் ஒரு துளி தூரம் இருக்காது.

“டேய், பொய்யாடா சொல்லற! ஊர்ல வெளையாடின பந்து இங்க வந்து மரத்துல விழுமாடா?” கீழே துணி நிறைய இருந்த மாங்காய்யைப் பார்த்த பீமனுக்கு இன்னும் கோபம் வந்துவிட்டது. “அடப் பாவிகளா! மொத்த மரத்தையும் அறுத்து காலி பண்ணிட்டீங்களா!”

“அதை நாங்க அறுக்கல... காத்துல வந்த பேயீ மாங்காய எல்லாம் அறுத்துப் போட்டுட்டுச்சி. நான் மாங்காயா ஒட்டவெக்கத்தான் மரத்தில ஏறினேன்.” என்று இன்னொரு பெரிய உண்மை பேசினான் சுப்ரு.

“திரும்ப பொய் பேசறியாடா...! எறங்கி வாடா, உன் மண்டைய ஒடைக்கிறேன்..” என்று உடைந்த கிளையை எடுத்து சுப்ருவை மிரட்டினான்.

“எறங்க மாட்டேன்.”

“எறங்கல... அப்புறம் நாய விட்டு கடிக்க வச்சிடுவேன்.”

“நாய காணமே!”

“நாய் கருவாடு வாங்க சந்தைக்கு போயிருக்கு. வந்ததும் கடிக்க விடுவேன்.”

“நாய்க்கு மரம் ஏறத் தெரியுமா?”

“ம், தெரியும். நாய்தான் எனக்கு தென்னை மரத்தில ஏறி இளநி பறிச்சி போடும். மவனே... எறங்கி வாடான்னா கேள்வியாடா கேக்கற.”

சுப்ரு சிரித்துக்கொண்டே, “மாதம்மாதான் அறுத்துட்டு வர சொன்னாங்க...” என்றான். பீமனும் சிரித்துக்கொண்டே,

"மாதம்மாவா! அப்ப மரத்தோட பிடுங்கிட்டு போ..." என்று குழைந்து சொல்லி நடித்துவிட்டு, பின் குரலை கோபமாக்கி "மாதம்மா சொன்னா என்னா, ப+தம்மா சொன்னா என்னா... எறங்குடா மொத! ஸ்கோலுக்கு போகாம திருட்டு மாங்காயாடா பறிக்;கறீங்க... படிக்கிற வயசில திருட்டுத்தனம் பண்ணா உருப்புடுவீங்களா. படிப்பு ஏறுமா? எங்க நீ, ஆ... ஈ... ஊ... சொல்லு பாக்கலாம்." தமிழரசியை மிரட்டினான் பீமன். இப்படி மாங்காய் பறிக்க வந்த இடத்தில் ஆ.. ஈ.. சொல்வதற்கு பேசாமல் பள்ளிக்கே போயிருக்கலாம் அவள்.

தமிழரசி சொல்ல ஆரம்பித்தாள். ஏழு எழுத்திற்கு மேல் தெரியவில்லை. தரணிக்கு பீமன் சொன்ன மூன்று எழுத்து-தான் தெரிந்தது. மருதன் முக்கால்வாசி சொல்லி முக்கிக்-கொண்டிருந்தான். யாருக்கும் முழுதுமாக சொல்லத் தெரிய-வில்லை, திணறினார்கள். ஆனால் மரத்தின் மேல் இருந்த சுப்ரு கடகடவென ஒப்பித்தான். சுப்ரு சரியாக சொல்கி-றானா தப்பாக சொல்கிறானா என்பது பீமனுக்கு புரிபட-வில்லை. உண்மையில் சுப்ருவுக்கு ஆ... ஈ... தெரியாது.

"டேய், இவன் சரியா சொன்னானாடா?" பிள்ளைகளிடம் கேட்டான். அவர்கள் சொன்னதாய் சொன்னார்கள். சரி தப்பு அவர்களுக்கு மட்டும் தெரியுமா?

"செரி, ஸ்கொல்ல சொல்லிக்குடுத்த ஒரு பாட்டை சரியா சொல்லு. இந்த மாங்காய ப+ரா தந்திடறேன்." பந்தயம் கட்-டினான் பீமன்.

மரத்து மேலிருந்த சுப்ரு குசு குசுவென, ~குய்யா, முய்யா.| என்றான்.

"டேய், சத்தமா பாடுடா!"

"குழை கொழையா முந்திரிக்கா... நிறைய நிறைய..."

"டேய் நிறுத்துடா, நிறுத்துடா...! இங்க எதுனா முந்திரித் தோப்பு இருக்காடா. நீ முந்திரி மரத்த பாத்திருக்கியா?"

உடனே சுப்ரு பாட்டை மாத்தினான். "குழை குழை-யாய்... மாங்காய்..."

“அடப் பாவி... எந்த ஊர்லடா குழையா மாங்கா விட்டிருக்கு? பாட்டாடா பாடறே!” என்று பீமன் மரத்தில் ஏறி சுப்ருவை பிடிக்க ஏறினான். அப்பொழுது தெற்குப் புறத்தில் காற்று சுழன்று வருவது தெரிந்தது. “டேய், அங்க பாருங்கடா... பேய்க் காத்து வருது... சீக்கிரம் ஓடுங்கடா... ஓடுங்க.” என்று சொல்லியபடி ஓட ஆரம்பித்தான்.

வெகு பக்கத்திற்கு ஆக்ரோசமாக சுழன்றடித்து பேய்க் காற்று வந்தது. காய்ந்த சறுகும் மண்ணுமாக வீறிட்டுக் கிளம்பி மரங்களை சுழற்றியது. ஓவென்ற ஓசை எல்லோர் காதிலும் ஒலித்தது. அவர்களைச் சுற்றி ஒரே தூசும் சருகுகளுமாக மண்ணோடு சுற்றியது. கண்களில் மண் விழுந்தது, தூசியில் மூக்கடைத்தது. பிள்ளைகள் கண்களை இறுக்க கைகளால் மூடிக்கொண்டார்கள்.

தூரத்தில் நாயின் ஓலம் கேட்டது. காற்றில் பொத் பொத்தென்று மாங்காய் விழும் சத்தம் கேட்டது. பெரிய மாங்காய் ஒன்று பொத்தென்று விழும் சத்தமும், தொடர்ந்து சுப்ரு “ஐயோ யப்பா...” என்று காட்டுக் கத்தலாய் கத்துவதும் கேட்டது.

பேய்க் காற்று நகர்ந்து சுழன்று சுழன்று மேற்கில் போய் மறைந்து தேய்ந்தது. பிள்ளைகள் கண்ணில் விழுந்த மண்ணை துடைத்துக்கொண்டு பார்த்தார்கள். சுப்ரு மரத்தில் இருந்து கீழே விழுந்துகிடந்தான். சுப்ருவின் கால் தலை கையெல்லாம் அடிபட்டு ரத்தமாக வந்தது. பீமன் “ஐயோ, மவனே...” என்று கத்திக்கொண்டு ஓடிவந்து சுப்ருவை தூக்கினான். அப்பொழுது பீமன் குடிசைக்குள்ளிருந்து கத்தியபடி மாதம்மாள் ஓடிவந்தாள். அவள் பின்னால் ஓங்கி ஓலமிட்டபடி நாய் வந்தது.

சுப்ரு பேச்சு மூச்சற்று மயக்கமாய் இருந்தான்.

எத்தனையோ மாம்பிஞ்சுக் காலங்கள் உருண்டோடிவிட்டது. ப+ப்பதும் காய்ப்பதும் தொடர்ந்து நடந்து கொண்டிருந்தது. தமிழரசியும் மருதனும் கல்யாணம் செய்துகொண்டு ஒரு பூவை குழந்தையாய் பூத்திருந்தார்கள். வெளிய+ர் போய்

வெகு காலம்; கழித்து இந்த மாந்தோப்பிற்கு இப்பொழு-துதான் வந்தார்கள். சின்ன வயதில் பார்த்த அந்த மாந்-தோப்பும் அடையாளம் தெரியவில்லை, புருசன் பெண்-டாட்டியாய் இருந்த பீமன் மாதம்மாளையும் அடையாளம் தெரியவில்லை. தலை நரைத்து கம்பீரமாய் நின்ற மாதம்மா-ளிடம் தமிழரசி கேட்டாள், “சுப்ரு எங்க...?”

மாதம்மாள் தலை கவிழ்ந்து தரையைப் பார்த்தாள்.

கீழே சுப்ரு தரையில் தவழ்ந்து வந்தான். அவனுக்குப் பின்னால், அதே பெரிய மீசையும் முட்டைக் கண்களுமாய் பீமன் வந்தான். கூடவே நாய் வந்தது. சுப்ருவுக்கு இடுப்பில் அடிபட்டு இரண்டு காலும் விலங்காமல் போயிருந்தது. பச்சை மரத்தில் ஏறி கீழே விழுந்து பட்டமரமாய் போனான் சுப்ரு. மருதனும் தமிழரசியும் பழைய சந்தோசமும் துக்கமு-மான குழப்ப ஞாபகத்தில் தடுமாறினார்கள்.

சுப்ரு சிரித்தபடியே “வாங்க, வாங்க. டேய் மருதா... ஏய் தமிழு! ஆளுங்க அடையாளமே தெரியலையே...” என்று தரையில் இருந்து அன்னாந்து பார்த்தான். காலில்தான் முடம், கண்களில் அதே பழைய சுப்ரு!

தமிழரசியின் கையில் இருந்த குழந்தையை வாங்கி கொஞ்சிய சுப்ரு, பக்கத்தில் வாலாட்டிய நாயிடம், “ஏய் நாயே... தமிழு வந்திருக்கா இல்ல. போயி ரெண்டு இளநீர் பறிச்சிட்டு வா.” என்றான். பீமன் இடி இடியென பேய் போல சிரித்தான். இந்த நாய்க்கும் மரம் ஏறத் தெரியுமா?

“எப்படிடா சுப்ரு இன்னும் அதே குறும்போட இருக்க...”

சுப்ரு சிரித்துக்கொண்டே சொன்னான், “ஆளு போனா-தாண்டா குறும்பு போவும். காலுதானே போச்சி. ஒண்ணும் முழுகிப் போயிடலையே. இங்கதானே விழுந்தேன். அதான் இங்கயே எழனும்;னு வைராக்கியம் வச்சேன். இதே மாந்-தோப்புல மாமரத்தோட மாமரமா வளந்தேன். தோப்பை குத்தகை எடுத்து இந்த சப்பாணிக் காலோட வேவாரம் செஞ்சி... இப்ப இந்த தோட்டம் யாரோடது? ஐயா சுப்ரு-வோடது... பாரு நம்ம மாந்தோப்பை. ஓடி ஓடி பாரு...”

அவன் சொல்லும்போது மாந்தோப்பிற்கு தெற்குப் புறத்தில் இருந்த பொட்டல் காட்டின் தூரத்திலிருந்து ஒரு பேய்க் காற்று சுழன்று அவர்களை நோக்கி வருவது தெரிந்தது. இந்த பேய்க் காற்று சுப்ருவை கீழே விழவைத்ததா இல்லை கீழிருந்து எழ வைத்ததா...?

பேய்க் காற்றையே மருதனும் தமிழரசியும் வெறித்துப் பார்த்தார்கள். பல ஏக்கர் மாந்தோப்புக்குச் சொந்தக்காரன், பணக்காரன் சுப்ரு குழந்தையை கொஞ்சிக்கொண்டிருந்தான். அவன் பேய்க் காற்றை கவனித்ததாகவே தெரியவில்லை.

2. தாகம் கரையட்டும்

- கவிஜி

சிறுக சிறுக வாரம் முழுக்க சேர்த்து வைத்த காசுகளோடு நுங்குகாரனுக்கு காத்திருந்த பால்ய நானாய் இன்று இம்மழைக்கு காத்திருக்கிறேன்.

எல்லா விதிப்படியும் இன்று இம்மழை வந்தே தீரும் என்பதில் எனக்கும் ஐயம் என்பதையெல்லாம் தாண்டி அத்தனை நம்பிக்கை இருந்தது. வேறு வழி இல்லாமல் போகையில் நம்பித்தானே ஆக வேண்டும்.

நான் வீட்டை நோக்கி ஓடத் துவங்குகிறேன்.

என் கண்களில்... வறண்ட நிலங்களின் வெடிப்புகள் மீண்டும் மீண்டும் கீறலிட நா வறண்ட தாகம் நான் வறளச் செய்தது.

மூன்று வார கால தவம் இது.

மேற்கே அந்த ஆற்றுத் தடத்தின் காலடியில் அமர்ந்து கண்கள் வெறிக்க கண்ட போது உள்ளம் கொதித்த கொப்புளங்களில் தாள முடியாத ஏக்கம் கொண்டேன். நொய்யல் ஓரம் சென்று ஆவலாய்த் தேடினேன். வழித்தடம் பயணிக்கும் மாய நீரென கானல் நீர் கண்களில் சுரக்கக் கண்டேன். யார் யாரோ சொன்னார்கள் என கிழக்கில் ஓடும் நீருக்குள் நின்று பார்த்தேன். அப்பப்பா நீருக்கு அத்தனை நிறங்களா.....?

சாய நிறம்.....கழிவு நிறம்......சாக்கடை நிறம்... கருஞ்-
சாந்து நிறம்....கோழி இறகு நிறம்... சில மண்டையோட்டு
நிறம்... நுரை நுரையாய் காற்று சிதறல் நிறம்.....காற்று கதற
மூச்சு அடக்கினேன். கண்கள் கதற வீடு திரும்பினேன்.

ஊறி சுற்றி ஓடும் நதியெல்லாம் விதி மாற்றி போனது.
ஏறி குளமென்று சிலது இருந்தாலும்......தேங்கி நிற்க
எனக்கு ஒப்பவில்லை. ஆகாய தாமரைகள் அடுக்கு மொழி
சிக்கல்களென ஆங்காங்கே வலை பின்னியது.

இதோ முதல் துளி விழுந்து விட்டது. தேன் சொட்டும்
சுவை அது. முகம் மறந்த யோசனையில் மூன்று வார
கவலை இன்று மெல்ல களையும் என்பது வேதமென இருக்-
கும் என் பாட்டி சொன்ன கதைகளின் நுட்பமென துளிர்த்-
தது.

நான் காத்திருந்தேன்.......

கண்கட்டி வித்தைக்காரனைப் போல வானம் பார்த்தே
காத்திருந்தேன். கருணை கொண்ட பெருவெளி சொட்டும்
மழையே இதற்கு தீர்வென்று நம்பினேன். நம்பிக்கை
ஜெயித்தது. வந்தே விட்டது கோடை மழை. ம்ஹூம்..
கொடை மழை. என் செயல்பாடுகள் யாருக்கும் பிடிக்க-
வில்லைதான். அதற்காக ஊர் அறியா கடலிலும்.... நீர்
அறியா பேரூரிலும் உறவாட சம்மதம் இல்லை. படித்துறை-
யில் கடைசிப்படியில் சுருண்டு சாகும் புழுவுக்கு மாண்டும்
காயும் சாபம் எப்படி நிகழ்ந்தது..?!

வீடடைகையில் தொப்பலாக தெப்பமாகி இருந்தேன்.
கண்களில் மழை மின்ன....ஓடி சென்று என் அறையில்
வைத்திருந்த என் பாட்டியின் அஸ்தியை கலசத்தோடு
எடுத்து வந்தேன். ஒரு பட்டாம் பூச்சியின் நினைவுகளோடு
உள்ளிருக்கும் என் பாட்டியின் சாம்பலை எடுத்து என் வாச-
லில் மழையோடு கரைத்தேன். பாட்டி வாழ்ந்த நடந்த கிடந்த
பேசிய பார்த்த இவ்வாசலின் பெருவெளியில் மழையோடு
மழையாக அவள் கூறும் கதையோடு கதையாக கரைவ-
தில் பெரு மகிழ்வு எனக்கு. ஊர் கிடக்கட்டும்.... ஊர். அது
வசதிக்கு தகுந்தாற் போல வாழும்.

கரைய கரைய காகம் ஒன்று வீட்டு முற்றத்தில் மழையை கொண்டாடிக் கொண்டிருந்தது.

3. வீட்டிற்குள் சுவாசிக்க...

வீட்டைவிட்டு வெளியே தெருவிற்கு வந்து, நடந்தோமானால் நமக்கு சுவாசிப்பதே மிகவும் சிரமமாக ஆகிவிடுகிறது. தொடர்ந்து செல்லும் நான்கு சக்கர வாகனங்களும், இரண்டு சக்கர வாகனங்களும், ஆட்டோக்களும், டிராக்டர்களும் வெளிவிடும் புகை காரணமாக, நாம் சுவாசிக்கவே முடிய- வில்லை. மேலும் தூசியும் ஓரங்களில் ஓடும் கழிவு நீர்களின் துர்நாற்றமும், பிளாட்பாரம் நடுவில் நிறுத்தப்பட்டுள்ள தள்- ளுவண்டியில், கோழி இறைச்சி, மீன் முதலியவற்றை எண்- ணையில் வறுத்தெடுக்கும் நெடியும் சேர்ந்து அதன் கழி- வுநீரை ரோட்டின் நடுவில் கொட்டுதலும் சேர்ந்து, நம்மை பயமுறுத்துகிறது. வெளியில் சென்ற நாம் நம் வேலைகளை விரைவில் முடித்து, வீடு திரும்பினால் போதும் என்று ஆகி- விடுகிறது.

பருவநிலை மாற்றத்தால் நாட்டின் சில பகுதிகளில் அதிக மழை பெய்து வெள்ளக்காடாக பெருகி, விவசாயத்தை அழித்து மக்களுக்கு உண்ண உணவு கூட கிடைக்காமல் செய்து விடுகிறது. சில நேரங்களில் தேவையான அளவு கூட மழை பெய்யாமல் வறட்சியாக்கி, நீருக்காக நெடுந்தூரம் அலைய வேண்டியதாய் ஆகிவிடு கிறது. மனித குலத்திற்கு கிடைக்கவேண்டிய நீரின் அளவும் குறைய ஆரம்பித்துவிட்- டது. பூமி உருண்டையும் வெப்பம் அடைய ஆரம்பித்து விட்டது. தொழிற்சாலையிலிருந்து வெளியிடும் புகையும், கழிவு நீரும், வானத்தையும், நிலத்தையும் நஞ்சாக மாற்றிக் கொண்டேயிருக்கிறது. அணு ஆயுத கழிவுகள், யுரேனிய தாது கழிவுகளும் வளி மண்டலத்தையும், கடல் நீரையும் கெடுத்துக் கொண்டே வருகிறது. நம் பூமியைச் சுற்றியுள்ள காற்று மண்டலத்தையும் தாண்டி, பூமிக்கு பாதுகாப்பாக இருக்கும் ஓசான் மண்டலத்தில் ஓட்டை விழுந்திருப்பதாக

ஆராய்ச்சியாளர்கள் கூறுகிறார்கள். அந்த துவாரத்தின் வழியாக அல்ட்ரா வயலட் கதிர்களும், இன்பரா ரெட் கதிர்களும், பூமியை தாக்குகின்றன. அதனால் மனிதனுக்கு தோல் புற்று நோயும், உடல் பாதிப்புகளும் ஏற்பட போகின்றன என்று எச்சரிக்கிறார்கள் விஞ்ஞானிகள்.

முதலில் நாம் உயிர்வாழ நல்ல சுத்தமான காற்றாவது வேண்டாமா? நல்ல பிராணவாயு நிறைந்த காற்றை சுவா-சித்தால்தானே, அதை நம் உடல் ஏற்று, ரத்தம் சுத்தம-டைந்து, அதிலுள்ள கழிவுகளை கரியமில வாயுவாக மாற்றி, நம் உடலானது நம் நாசிகள் மூலம் வெளியேற்ற முடியும்!

மக்கட்தொகை பெருகி, ஜனநெருக்கம் அதிகம் ஆகும்-பொழுது அத்தனை மக்களும், உயிர் வாழ் பிராணிகள், மிருகங்கள் அனைத்தும் சேர்ந்து மூச்சுவிடும் பொழுது வெளியேற்றும் கரியமில வாயு, காற்றில் கலந்து, அந்த பகு-தியில் உள்ள காற்று மாசு படாதா! என்று எண்ணத் தோன்-றும்.

செடி கொடிகளும், மரங்களின் இலைகளும் சுவாசிக்-கின்றன. ஆனால் அவைகள் காற்றில் உள்ள கரியமில வாயுவை எடுத்துக்கொண்டு, நல்ல பிராணவாயுவை வெளி-யிடுகின்றன. இதனால் காற்றில் கரியமில வாயு குறைந்து, பிராண வாயு அதிகரிக்கிறது. இயற்கை, இப்படி ஒரு சமன்-பாட்டு நிலைமை ஏற்படுத்துகிறது! இதனை எத்தனை பேர் உணருகிறார்கள். இதனால்தான் காட்டை அழிக்கக் கூடாது என்ற இயக்கம் தோன்றியது. மழை வரவழைக்க மரம் நடு-விழா நடத்த வேண்டும் என்று மக்கள் நினைக்க ஆரம்பித்-திருக்கிறார்கள்.

மழை நிறைய பெய்தால், மண்ணில் நிறைய செடி கொடி-கள், புல்பூண்டுகள் தழைத்து வளரும்.

ஒவ்வொரு சிறுசெடியும், புல்லு கூட, அதிலுள்ள இலை-களால் கரியமில வாயுவை உறிஞ்சி, பிராண வாயுவை வெளியிடுகிறது. சிறுதுளி பெரு வெள்ளம் என்பது போல, அது காற்றோடு கலந்து நம்மை வாழ வைக்கிறது.

டாக்டர்கள் கூட மக்களை அதிகாலை வேளைகளில் வெறும் காலால் புல்வெளியில் நடந்து செல்லுங்கள் என்று கூறுகிறார்கள். செருப்பு அணியாமல் வெறும் கால்களால் காலை வேளைகளில் புல்தரைகளில் நடந்து செல்லும் பொழுது அதில் படிந்திருக்கும் பனித்துளிகள் கால் பாதங்-களில் பட நமக்கு புத்துணர்வு ஏற்படுகிறது. அப்பொழுது புல்லின் நறுமணத்துடன் அவை வெளியிடும் பிராண வாயு-வையும் நாம் சுவாசிக் கின்றோம். அந்த காற்று நம்மை புத்-துணர்வு கொள்ள வைக்கிறது. உள்ளத்தில் உவகை உண்-டாகி உற்சாகம், சுறுசுறுப்பு ஏற்படுகிறது.

செடி, கொடிகள், மரங்கள் உருவாக்குவதற்கு நம் வீட்-டைச் சுற்றி இடம் இல்லாவிட்டாலும், வீட்டிற்கு உள்ளேயும், வெளியேயும், வீட்டைச் சுற்றியும், மொட்டை மாடியிலாவது தொட்டிகள் வைத்து செடிகளை வளர்க்க வேண்டும் என்ற எண்ணங்கள் வர ஆரம்பித்திருக்கின்றன. சிலரது வீட்டு வரவேற்பறையில் நிறைய தொட்டிகளை வைத்து அழகான செடிகளை வளர்க்கிறார்கள். அழகுக்காக இருந்தாலும், அவை ஆக்ஸிஜனை வெளியிடுகிறது. மிக ரம்மியமான சூழல் அங்கு நிலவுகிறது. நம் வீட்டிற்குள்ளேயும் வெளியி-லும் உருவாகும் அசுத்தமான காற்று, தொட்டியில் வளர்க்-கப்படும் செடி கொடிகளால் உறிஞ்சப்பட்டு பிராண வாயுவாக வெளியிடட்டும் வீட்டிற்குள் ளேயே! நமக்கு நல்ல பிராண வாயு கிடைக்கட்டும்!

நம் சூரிய மண்டலத்தில், பூமியைச் சுற்றியுள்ள எந்த கிர-கத்திலும் நீர் இல்லை. அதனால் அங்கு தாவரங்கள் உண்-டாகவில்லை. நீர் இருந்திருந்தால், பாசி பச்சை படர்ந்து செடி கொடிகள் மரங்கள் உருவாகியிருக்கும். மரங்கள் உரு-வாகியிருந்தால், அதன் இலைகள் அங்குள்ளநச்சுகாற்றை உறிஞ்சி, பிராண வாயு வெளியிட்டிருக்கும். சந்திரனுக்கு போய் இறங்கிய மனிதன் கூட பிராண வாயுவை உருவாக்கி மூச்சு விடுவதற் காக தலைக் கவசம் அணிந்து சென்றுதான் ஆராய்ச்சி செய்தான்.

பிராணவாயுவை தாவரங்களினால் மட்டுமே உருவாக்க முடியும் இயற்கையாக!

சிறுதொழில்கள் மூலமாக பலவித கைத் தொழில் பொருட்கள் செய்து, வெளிநாடுகளுக்கு ஏற்றுமதி செய்து, பணம் கொழிக்கும் நாடாக முன்னேறிய நாடு ஜப்பான். அந்த நாட்டில் எரிமலை சீற்றங்களால் சுற்றுச்சூழல் காற்று மாசடைந்து வருகிறது. மேலும் ஒவ்வொரு வீட்டிலும் ஒரு குடிசைத் தொழிலாக ஏதோ ஒரு பொருள் செய்வதற்காக, மூலப் பொருளை உஷ்ணமாக்கி, உருவாக்கி வடிவமைத்து செய்து கொண்டிருக்கிறார்கள். அதன்மூலம் வெப்பத்தை யும், கழிவு பொருளின் நாற்றத்தையும் புகை போக்கி மூல– மாக வானத்தில் விடப்படுகிறது. அதனால் சுற்றுச்சூழல் மாசுபடுகிறது. இதனால் ஜப்பானில் பல முக்கிய நகரங்களில் பல இடங்களில் ஆக்ஸிஜன் பார்லர்கள் உள்ளன. அங்– குள்ள மக்கள் பார்லருக்கு சென்று பணம் கொடுத்து சுத்த– மான காற்றை சுவாசித்துவிட்டு வருகிறார்கள். முதன்முதலில் பொது இடத்தில் ஆக்ஸிஜன் பார்லர்கள் அமைத்தவர்கள் ஜப்பானியர்களே!

இன்று நம்நாட்டிலும் பம்பாய் போன்ற நகரங்களில் ஆக்– ஸிஜன் பார்லர்கள் உள்ளன. நாமும் அந்த பார்லர்களில் போய் பணம் கொடுத்து, சுத்தமான ஆக்ஸிஜனை சுவாசித்து புத்துணர்ச்சி பெறலாம்.

இப்பொழுது நம்நாட்டில் சுத்தமான தண்ணீர் தேவைக்கு மினரல் வாட்டர் கேன், பாட்டில் நீர் விலைக்கு வாங்கி பயன்படுத்தி வருகிறோம். இன்னும் சில ஆண்டுகள் கழித்து காற்றையும் விலை கொடுத்து வாங்கி சுவாசிக்க வேண்டி– வரும். வீட்டில் ஒவ்வொரு அறைக்கும் குழாய்கள் பதித்து, அதில் ரெகுலேட்டர் பொருத்தி, ஆக்ஸிஜன் சிலிண்டர் வாங்கி இணைத்து, நல்ல காற்றை திறந்து, அறை முழுவ– தும் நிறைத்து சுவாசிக்க வேண்டி வரும்!

நம் வீட்டு அருகில் செடி கொடி தாவரங்கள் நிறைய வளர்ப்போம். வீட்டிற்கு உள்ளேயும், வெளியேயும், திறந்த– வெளி மாடியிலும் தொட்டி களில் செடிகளை அதிகமாக

வளரச் செய்வோம். நம்வீட்டில் நாம் ஆரோக்கியமாக இருக்க, சுத்த மான பிராணவாயு கிடைக்க முயற்சி செய்– வோம்.

4. நல்ல காற்றை...

உலகம் அளாவிய சிக்கல்களுக்கு நல்லறிஞர்கள் தீர்வுகாண வேண்டும்!

காற்று இயற்கையிலுள்ளது; நீர் இயற்கையில் கிடைப்பது; உணவு இயற்கையாகவும் செயற்கையாகவும் உருப்பெறுவது.

இப்போது எங்கும் நல்ல காற்று இல்லை. மலை, ஆறு, கடல், தரை இங்கெல்லாம் கிடைத்த காற்று அழுக்காகி விட்டது; ஆற்று நீர் அழுக்காகிவிட்டது. தரையில் உள்ள குளம் குட்டை நீர், ஏரி நீர் அழுக்காகிவிட்டது. இப்படி இவற்றை அழுக்குப்படுத்தியவர்கள் மாந்தர்கள்; விலங்கு– களோ, பறவைகளோ, மற்றவகை உயிரினங்களோ அல்ல.

மனிதன் எவ்வளவு முயற்சித்தாலும் 100, 125 ஆண்டு– களே வாழமுடியும்.

அந்த மனிதன், மற்றவற்றை வென்று தனக்கு மட்டும் உரிமையாக்கி நல்வாழ்வு வாழ்வதாகக் கருதி காடுகளை அழித்தான்; மழை குறைந்தது. மலைகளையும் குன்று களையும் தனதாக்கி, காற்றைக் கெடுத்தான்; கனிமங்களைக் கொள்ளையடித்தான்.

இன்றைய உலகில் 720 கோடி மக்கள் வாழ்கிறார்கள். இந்தியாவில் 130 கோடி மக்கள் வாழ்கிறார்கள்.

இவர்கள் குடிக்க – குளிக்க – வேளாண்மை செய்ய – தொழில்சாலைகளை இயக்க – பண்டங்களை உருவாக்க – உணவு சமைக்க – அலுவலகங்களை நடத்த – நீர் ஒரு கட்டாயத் தேவை.

உலகில் உள்ள 100 பங்கு நீரில் 97 பங்கு உப்பு நீர்; கடல்களிலும், மாபெருங் கடல்களிலும் இது உள்ளது.

மீதியுள்ள 100இல் 3 பங்கு நீர் நல்ல நீர். இதில் வட துருவம், தென்துருவம் என்கிற இரண்டு முனைகளிலும்

3இல் 2 பங்கு நீர் உள்ளது. அது பனிப்பாறையாக உள்ளது. 3இல் 1 பங்கு நீர் நல்ல நீர் மட்டுமே மனிதப் பயன்பாட்டுக்கு உள்ளது.

இரண்டு துருவங்களிலும் உள்ள பனிக்கட்டி உடைந்து உருகிவிடும் என அறிவியல் அறிஞர்கள் சொன்னார்கள்.

இப்போது தென்துருவத்திலுள்ள பனிக்கட்டி உடைந்து விட்டதாக 12-11-2011 புதன் அன்று அமெரிக்க செட்ட-லைட் (Sattelite) கண்டுபிடித்துள்ளது. அப்படி உடைந்த பகுதி 6,000 சதுர கிலோ மீட்டர் பரப்பு உள்ளது. அது நகருகிறது.

அதே தென்துருவத்தில் 1956இல் 32,000 சதுர கிலோ மீட்டர் பரப்புள்ள பனிக்கட்டி உடைந்ததாகவும், 1986இல் 9000 சதுர கிலோ மீட்டர் பரப்புள்ள பனிக்கட்டி உடைந்த தாகவும் ஆராய்ச்சியாளர்கள் கூறுகிறார்கள். இவ்வளவு பெரும்பரப்பில் கட்டியாக உள்ள நல்ல தண்ணீர் உருகும். ஆனால் மனிதப் பயன்பாட்டுக்கு அது எப்போது கிடைக்-கும்? எப்படிக் கிடைக்கும் என்பது கேள்விக்குறி. ("The Hindu", 13.7.2017).

இந்தியாவில் மூன்றில் ஒரு பகுதி பரப்பு 33 விழுக்காடு நிலப்பரப்பு காடுகளாகக் காக்கப்பட வேண்டும்.

இன்று 17 விழுக்காடு பரப்புகூடக் காடுகளாக இல்லை.

காடுகள் அழிக்கப்பட்டால் நாடு அழியும்; மக்கள் துன்-புறு வார்கள்; வனம் வாழ் உயிர்கள் அழியும்; காற்று மண்-டலம் தூய்மை கெட்டு, கரிக்காற்று அதிகமாகும். மாந்தன் மூச்சு விடவே திணர வேண்டும். இன்றே நல்ல காற்றைத் தேடி அலைகிறோம்.

காற்று மண்டலம் கெட்டுவிட்டது என்றால் என்ன?

ஒவ்வொரு 10 இலட்சம் காற்றுத் துகள்களிலும் (Gas Molecules) 350 காற்றுத்துகள் கரிக் காற்று வீதம் (Carbon Dioxide) கலந்திருந்தால், அந்தக் காற்று முழு-வதும் கெட்டு விட்டது என்று பொருள். அதை 1950 முதல் ஆய்வு செய்து, 1990 உறுதி செய்தார்கள். ("The

Hindu", 27.6.2017).

இப்படிப்பட்ட கேடு ஆசியாவில் மிக அதிகம்; பசுபிக் பகுதியிலும் அதிகம்.

அதாவது வெப்பத்தின் அளவு இங்கு 6 டிகிரி செல்சியஸ் முதல் 8 டிகிரி செல்சியஸ் வரை ஏறிவிட்டது.

இதனால் பின்கண்ட கேடுகள் வரும் :

1. மழை பொழிவு 20 விழுக்காடு முதல் 50 விழுக்காடு வரை குறையும்;

2. தாழ்வான பகுதிகளில் வெள்ளம் ஏற்படும்;

3. ஆசியப் பகுதியில் 25 கடற்கரை நகரங்களில், கடல்-களின் நீர்மட்டம் ஒரு மீட்டர் உயரம் உயரும் ("தினமலர்", 17.7.2017, சென்னை). நிற்க.

பணம் மட்டுமே மாந்த வாழ்க்கையின் முதன்மைத் தேவை என்பதாக ஒவ்வொரு மனிதனும் நினைக்கிறான். பணம் தன்னைத்தானே பெருக்கிக் கொள்ளாது. அதைப் பெருக்க உழைப்புத் தேவை; நிறையப் பணம் தேட நிறைய உழைப்புத் தேவை; உழைப்பாளர்கள் தேவை. கருவிகளை இயக்கவும் உழைப்பாளர்கள் தேவை. உழைப்பாளர்களால் உருவாக்கப்பட்ட பணம் – அவரவர் உழைப்புக்கு ஏற்பப் பங்கு போடப்பட வேண்டும். அது நடக்கவில்லை.

அப்படிப்பட்ட நடப்பு நேற்றைய சோவியத் இரஷ்யாவில் 70 ஆண்டுகள் நீடித்தது.

அமெரிக்கா திட்டமிட்டு அங்கு ஊடுருவி, 1980இல் அதை உருக்குலைத்தது.

அமெரிக்கா தம் நாட்டு இயற்கை வளங்களை அப்படியே காப்பாற்றிக் கொண்டு, மத்திய தரைக்கடல் – அரபு எண்-ணெய் வளநாடுகள் மற்றும் தென் ஆப்பிரிக்கா, ஆஸ்திரே-லியா, இந்தியா முதலான வளரும் நாடுகளின் வளங்களைச் சுரண்டுகிறது.

சப்பான், இங்கிலாந்து முதலான நாடுகள் – இந்தியாவில் மகிழுந்து, சிற்றுந்து, சுமைஉந்து முதலான வாகனங்கள் உற்பத்தித் தொழிற்சாலைகளைத் தொடங்கி – நிலம், நீர்,

மின்சாரம் இவற்றைக் கொள்ளை கொள்ளுகின்றன; சுற்றுச் சூழல் கேடு வளர இவை உந்துசக்தியாக இருக்கின்றன. ஆனால் தமிழகம் இங்கிலாந்தின் “டெட்ராய்ட்” (னுநனச-டிவை) என்று பெருமையாகப் பீற்றிக் கொள்கிறோம். இவற்-றால், நல்ல நீரும், மின்சாரமும் எவ்வளவு - எப்படிப் பாழா-கின்றன என்ப தைத் தமிழக மக்களும் அரசும் கருத்தில் கொள்ள வேண்டும்.

தமிழகத்திலுள்ள நீர்ப்பற்றாக்குறை பற்றி, 2017 முதல் “சிந்தனையாளன்” ஏட்டில் தொடர்ந்து எழுதுகிறோம்.

2017இலேயே குடிநீருக்குத் தமிழக மக்கள் திண்டாடு கிறார்கள்.

காவிரி நீர் உரிமை, முல்லைப் பெரியாறு நீர் உரிமை, பாலாறு நீர் உரிமை ஆகியவை முறையே கர்நாடகா, கேரளா, ஆந்திரா மாநிலங்களைப் பொறுத்து நாம் எதிர்-கொள்ளும் சிக்கல்கள் ஆகும். இவை தொடர்பான வழக்கு-களை நடத்தும் வழக்கறிஞர்களுக்கு இன்றுவரை ரூபா 40 கோடி தமிழக அரசு செலவு செய்துள்ளது. வழக்குகள் எப்-போது முடியும் என்றே தெரியாது.

ஆனால் தமிழக ஏரிகள், குளங்கள், குட்டைகள் இவற்றை ஆழப்படுத்துவதும், இவற்றுக்கு நீர்வரத்து - நீர்ப்-போக்கு இவற்றுக்கான வாய்க்கால்களைத் தூர்வாருதலும் நாம் - நம் தமிழக அரசு செய்ய வேண்டியவை.

இருப்பதைப் பாதுகாப்போம்; வரவேண்டிய உரிமை களுக்குப் போராடுவோம்!

பெரும்பாலான தமிழக மாவட்டங்களில் நிலத்தடி நீர் 2 மீட்டர் முதல் 6 மீட்டர் வரை கீழே சென்று விட்டது.

காவிரிப் பாசனப் பகுதி பசுமை காணாத பகுதியாகிவிட்-டது. சென்னைப் பெருநகர மக்களும், மற்ற மாவட்டங்களி-லுள்ள சிற்றூர் மக்களும் குடிநீர் கிடைக்காமல் அல்லல்படு-கிறார்கள்.

உலக அளவில் பருவ மழை பொய்த்துவிட்டதால், உலகில் 50 நாடுகளில் 2025ஆம் ஆண்டில் நீர்ப்பற்றாக்-

குறை ஏற்படும் என ஆராய்ச்சியாளர்கள் கூறுகிறார்கள் ("தினத்தந்தி", 25.7.2017, சென்னை).

தமிழகம் நீர்ப்பற்றாக்குறைக்கும், சுற்றுச்சூழல் கேட்டுக்கும் உள்ளாகித் தத்தளிக்கப் போவதைத் தடுத்து நிறுத்திட வாரீர்!

5. அனல் காற்று - கவிஜி

மரத்துக்கு பின்னால் ஒரு மறதியை போல அமர்ந்திருந்தாள் இன்பலட்சுமி.

உதவி செய்த போன் சொன்ன அடையாளம் ஒத்தை புளியமரம். அடித்து பிடித்து ஓடி வந்த ரத்னா... அவள் அருகே ஓர் அன்னையை போல நெருங்கினான். நெக்குருகும் பார்வை அவனுக்கு.

பார்த்ததுமே..... "மாமா......!" என்று அமர்ந்தபடியே தாவி கழுத்தைக் கட்டிக்கொண்டு ஏங்கி ஏங்கி அழுகை அடக்கினாள் இன்பலட்சுமி.

"என்னாச்சு இன்பா....ஏன் இங்க உக்காந்துருக்க... என்னமோ மாதிரி இருக்க... நீ எப்போ இங்க வந்த... உன்ன யாரு இங்க தனியா வர சொன்னா... இங்க என்ன பண்ணிட்டு இருக்க.. இங்க எப்பிடி....." மூச்சு விடாமல்தான் கேட்க முடிந்தது அவனுக்கு. திடுதிப்பென்று அவளைக் கண்டதில் கன்னத்தில் துடிக்க ஆரம்பித்திருந்தன கண்கள். கண்கள் சுழலும் காட்சியில்... கோணல் மாணல் சுற்றுப்புறங்கள் தான் உணர்ந்தான். உள்ளே என்னென்னவோ தடுமாற்றம். இல்லாத ஊஞ்சல் இதயத்துக்கு பக்கத்தில் தாறுமாறாக அசைந்தது.

"சரி சரி அழாத.. வந்துட்டேன்ல..." என்று மீண்டும் தலையை தடவி நெற்றியை வழித்து.. முகத்தை துடைக்க... கண்களில் சூடான நீர் கோடுகள் கரகரவென கொட்டியது.

"ஐயோ என்னாச்சு... என் புள்ளைக்கு...! ஏய்... என்னடி இது...?" கழுத்தை பிடித்து நிமிர்த்தி முகத்தை ஏந்தினான்.

கண்களில் கலவரம்.... கன்னத்தில் கடி பட்ட காயம்... சோர்ந்து போன கழுத்தில் மூத்திர வாசம்..

அவளுடம்பில் ஆங்காங்கே திட்டு திட்டாய் ஆம்பள ஒழுகல்...

"நினச்சன்... நினச்சேன்..."

அவளை விட்டு தன்னையே பற்றிக் கொண்டு தலையில் கை வைத்து உடலை காற்றினில் சரித்து மூச்சு வாங்கினான். வெளியெங்கும் காற்றில்லை. வியர்வை சுருளும் பகலில் குறி குறியாய் தொங்குவது போல உணர்ந்தவளுக்கு குமட்டிக் கொண்டு வந்தது. பக்கத்தில் மரமொட்டி ஒரு வழிகாட்டி-யாக... பூமி சதுரம் தான் என அடித்து சொல்வது போல இருந்த பெட்டி கடையில் நீர் வாங்கி வந்து முகத்தை கழுவி விட்டான். குடிக்க கொடுத்தான்.

"அழுகாத.... அழுகாம சொல்லு பாப்பா..."- அதட்-டினான். அதட்டும் போது தான் பாப்பா வரும் என்று அவளுக்கு தெரியும். பிறந்ததில் இருந்தே கூடவே இருக்கும் மகராசி. அத்தை புள்ளன்னு தான் பேர். ஆனா ஆண்ட-வன் புள்ள அது. அவன் ஆழ்மனதில்... அன்பின் அரிப்பு தவியாய் தவித்தது.

"ஆமா...ஆறு மாசமா நீ ஊருக்கு வரவே இல்ல... அதான் என்னாச்சுன்னு பாக்கலான்னு வந்தேன்..."

அவளையே அழுத்தமாய் பார்த்து விட்டு..." சரிடி..... எனக்கு போன் பண்ண வேண்டியது தான... சரி எப்போ வந்த.. எங்கன்னு போயி....என்ன ஆச்சு... ?" அவன் அவளையே ஊடுருவினான். புள்ளையை சலித்து விட்டி-ருக்கிறார்கள் என்று புரிந்து விட்டது. உடல் முழுக்க சூடு பரவ... அவள் கண்களில் வலி.

"சொல்லு....." கத்தினான்.

"உன் அட்ரஸ் காட்டி ஒவ்வொருத்தர்கிட்டாயா கேட்-டுட்டு இருந்தேன்.. ஒருத்தன் பாத்துட்டு... எனக்கு தெரி-யும்னு சொல்லி கூட்டிட்டு வந்து இங்க தான் இந்த வீதில தான் ஒரு வீட்டுல விட்டான். அந்த வீட்டுல இருந்த சனி-யன் என்னைய அடைச்சு வெச்சி.... கட்டி வெச்சிட்டு...

அவன் கூட இன்னும் ரெண்டு பேரு மாமா... அம்மணமா சுத்தி நின்னுட்டு..." நெஞ்சு நெஞ்சாய் அடித்துக் கொண்டாள்.

"பாத்து பாத்து உனக்குன்னு சேத்து வெச்சது எல்லாம் புடுங்கி தின்னுட்டானுங்க... திருட்டு தேவிடியா பசங்க..." மீண்டும் நெஞ்சு நெஞ்சாய் அடித்துக் கொண்டாள்

"ஐயோ முட்டாள் முட்டாள்... இதுக்கு தான் படி படினு தலை தலையாய் அடிச்சுகிட்டேன்..." அவளை பார்த்து பார்த்து குலுங்கினான்.

"ஐயோ மாமா.. நான் படிக்கவா பொறந்தேன்... உன்ன பாத்துக்கதான மாமா பொறந்திருக்கேன்.." என்றவளை அதற்கு மேல் திட்ட முடியவில்லை. இப்படியா ஒருத்தி இருப்பா.. ஒரு விவரமும் தெரியாம இப்படி வந்து... என்னன்னு இத சரி செய்யறது..."

"போலீசுக்கு போலாம் எந்திரி..." என்றான்.

"எதுக்கு மூணு பேரு பாத்ததை முழு ஊருக்கும் சொல்றதுக்கா..."

ஒரு கிறுக்கியை போல கழுத்தை அசைத்து பாவமாய் கேட்டவளை... ஒரு கணம் தீர பார்த்து...விட்டு... "ஐயோ சாமி.... என் புள்ளயே இப்பிடி பண்ணிருக்கானுங்களே..." ரத்னா தலை தலையாய் அடித்துக் கொண்டான்.

"இந்த வருஷம் வேலை பெர்மனண்ட் ஆகிடும்.. அப்புறம் வந்து கூட்டிட்டு வந்தர்லான்னுதான நினைச்சேன்.. அதுக்குள்ள உன்ன யாருடி பைய தூக்கிட்டு இங்க வர சொன்னது...." முடியை பிடித்து ஆட்டினான். ஆட்டிக் கொண்ட உள்ளங்கை அழுந்த உச்சந்தலை அழுத்தி தோளோடு சாய்த்துக் கொண்டான்.

"நியாயம் கேட்டே ஆகணும்... இதை விட்ற முடியாது..." முனங்கினான்.

பெட்டிக்கடை காரருக்கு விஷயம் புலப்பட்டு விட்டது...

"என்ன நியாயத்தை தம்பி கேப்ப... அவன்.... அவன் ஊரை அடிச்சு உலைல போடறவன்... பொறுக்கி பைய....பணம் ஆளு அரசியல்னு இந்த ஊருக்கே அவன்

தான் ராஜா.... போலீசு அவன் காலுக்குள்ள.. ஒன்னும் பண்ண முடியாது..." காத்துவாக்கில் குரல் தான் அவர் என்பது போல பேசினார். பேச்சில் அனுபவம் பெட்டிக்கடையை சுற்றும் அனல் காற்று போல சுழன்றது.

"இல்லங்கய்யா.. இப்பல்லாம்.. நம்மள மாதிரி ஏழை பாழைங்களுக்கு கோர்ட் கை குடுக்குது.." குருவி தலையில் பனங்காய் கொண்டவன் போல கழுத்து அழுந்த பேசினான். நம்பிக்கையை எங்கிருந்தாவது கொண்டு வந்து தன் மீது கவிழ்த்துக் கொள்ள... உள்ளே ஒரு வெறியை அவனே உருவாக்கிக் கொண்டிருந்தான்.

"எங்க தம்பி... பத்து கேஸ்ல ஒன்னு தான் நீ சொல்ற மாதிரி நியாயத்து பக்கம் நின்னு ஜெய்க்குது.. மீதிக்கெல்லாம் பணம் தான் ஜெய்க்குது.." பெரும் அனுபவம்... அது சுய அனுபவமாகவே இருந்திருக்க வேண்டும். பிழையற்ற தீர்க்கம் தன்னை ஒளித்துக் கொள்வதில் அவரிடம் ஒரு பாதுகாப்பு வளையம் இருந்தது.

"ஏதும் வலி இருக்கா.....?" என்று இன்பாவின் முகத்தை பார்த்தாலும்... கண்கள் கீழே பரிதவிப்போடு ஆராய்ந்தது.

"இல்ல மாமா.. நீ ஒரு வாட்டி ஏதோ புஸ்தகத்தை படிச்சிட்டு ஒரு பழமொழி சொன்னீல்ல... தப்பிக்க முடியாதுனு தெரிஞ்சிருச்சுனா அதை அனுபவிச்சிடணும்னு.... அப்பிடி தான் நினைச்சுக்கிட்டேன்... எவ்வளவோ போராடி பாத்தன்... தடி மாடுங்க மாதிரி இருக்கானுங்க... எழும்ப முடியல.. பேசாம உன்னய நினைச்சுகிட்டு படுத்துகிட்டன்.. உசுராவது மிஞ்சட்டும்ன்னு..." தம் கட்டி பேசியவள் வாயில் இருந்து எச்சில் வழிய ஒரு பெருஞ்சாவு அழுகை தொண்டைக்குள் அங்கும் இங்கும் ஒரு நாயின் நாக்கோடு அலைந்தது. என்ன தான் செய்ய என்ற வேதனையின் நடுக்கத்தில் ரத்னாவுக்கு தலையை சுற்றிக் கொண்டு வந்தது. இந்த மரத்தில் முட்டிக் கொண்டு செத்து விட தோன்றியது. அவளை தோளோடு சேர்த்துக் கொண்டு சத்தமில்லாமல் அழுதான். ஆனாலும் சத்தம் வந்தது.

"ஊருக்கு போய்றலாம் மாமா... இங்க என்ன மனுச பயலுக இப்பிடி இருக்கானுங்க.... முன்ன பின்ன பொம்பளங்கள பாக்காத மாதிரி... கழுதையாட்டம் இருக்கானுங்க... இப்பிடியா காஞ்சு கிடப்பானுங்க... இவுனுங்க பொண்டாட்டிகல்லாம் என்னத்த புடுங்கிட்டுருக்காலுக..." பேசிக் கொண்டே கடைக்காரர் பக்கம் கழுத்தை சாய்த்து... "அய்யா எங்கூருல நாங்கல்லாம் ஆத்துல தான் குளிப்போம்.. ஒரு பைய எட்டி கூட பாக்க மாட்டான்... அவ்வளவு கவுரவமா நடந்துக்குவாங்க... இங்க எல்லாரும் மொட்டை பயலுகளா இருக்கானுங்க... ஒருத்திய மூணு பேரு போட்டு செய்யறானுங்க....த்தூ எந்திரி மாமா.. ஊருக்கு போயி பேச்சியம்மன் ஆத்துல குளிச்சிருவோம்... எல்லாம் சரியா போயிடும்.." என்று மாமாவை ஏக்கத்தோடு பார்த்தாள். அதன் நீட்சியில்..."நான் செத்தரவா மாமா..." என்ற சொல் தொண்டைக்குள் கையேந்தி கதறியது. வாயை பொத்தி கண்ணீரை துடைத்த போது வாய் கோணி கண்ணீர் தகித்தது ரத்னாவுக்கு.

கொஞ்சம் நேரம் அங்கே பேச்சில்லை யாரிடமும். அமைதியாய் எதோ என்னவோ தன்னை ஆக்கிக் கொள்ள முயலுவது போல ஒரு பேரமைதி.

நெஞ்சத்தில் குருதி ததும்ப... அதே பெட்டிக்கடையில் பன்னு வாங்கி டீயில் தொட்டு தின்கிறார்கள்.

"எப்பிடியாவது பொழைச்சு.... இருக்கற வாழ்க்கைலருந்து வேறொரு வாழ்க்கையை புடிச்சர்னுனுதான இத்தனை தூரம் வந்து தனியா ஆக்கி தின்னுகிட்டு... ராத்திரி பகல்னு பாக்காம பைக்கு கம்பனில வேலை பாக்குறது. இப்பிடி போட்டு ஒண்ணுமில்லாம பண்ணிட்டானுங்களே... இல்ல..... ஏதாவது பண்ணனும் புள்ள" என்றவன் கடைசி வாய் பன்- ஐ வேகமாய் மென்றான். அவன் கண்களில் பெரும் அமைதி சுழன்றது.

"தம்பி அவுங்கள ஒண்ணுமே பண்ண முடியாது... இன்னும் இங்க தான் இந்த புள்ள சுத்திகிட்டுருக்குன்னு தெரிஞ்சா மறுபடியும் ராத்திரிக்கு தூக்கிட்டு போய்டுவா-

னுங்க.. சில காரியங்கள விட்டு நாம தான் ஒதுங்கிக்கனும் தம்பி... இல்லாதவன் சத்தம் காட்டக்கூடாது... வேற என்ன பண்ண. நம்ம நியாயம் தர்மம் எல்லாம் அவுனுங்கள ஒன்-னும் பண்ணாது. பொறுக்கிங்க... கொலை பண்ண கூட தயங்க மாட்டானுங்க... பேசாம ஊர் பக்கம் போய் சேருங்க..." கடைக்காரர் கடைவாய் பல்லுக்கும் கேட்காத சத்தத்தில் அறிவுறுத்திக் கொண்டிருந்தார்.

பசி கொஞ்சம் தீர்ந்திருக்க... பொதுவாக ஓர் ஆசுவா-சத்தை எழுந்து நின்று சடவெடுத்து கண்டாள். அதே நேரம் அனிச்சையாக இடது பக்கம் நகர்ந்திருந்த சுடிதார் பேண்ட்-டின் முனையை.. கையை வயிறு பக்கம் நகர்த்தி இழுத்து தொப்புளுக்கு நேராய் நிறுத்தி நாடாவின் முடிச்சை இன்னும் இறுக்கினாள். கசங்கி சுருங்கி அழுக்கேறி இருந்த மேலா-டையை சுருக்கு நீக்குவது போல சரித்து.... அழுகை தட்டி விட்டு ஒரு மாதிரி சரி செய்து கொண்டாள். கூந்தலை அவிழ்த்து மீண்டும் இறுக்கி கட்டிக் கொண்டாள்.

"இல்ல கிளம்பு.... போயி கேட்ருவோம்.." என்று இன்-பாவின் கையைப் பற்றி தீர்க்கமாய் இழுத்தான். அவனால் ஏதாவது செய்யாமல் இருக்க முடியவில்லை. உள்ளேயும் வெளியேயும் தொடர் அனல் காற்று.

"தம்பி... வேண்டாம்... உசுராவது மிஞ்சும்... போய்-டுங்க... ரெம்ப மோசமானவனுங்க..." என்றார் பெரியவர். அவர் இம்முறை தலையை கடையை விட்டு சற்று வெளியே நீட்டி இருந்தார். அவர் கண்களில் காலத்துக்கும் சேர்ந்திருந்த பயம்.

"என்னங்கய்யா பேசறீங்க... இதுவே உங்க வீட்டு புள்-ளைக்கு நடந்தா இப்டி தான் பேசுவீங்களா..... நாலு பேரு போய் கேக்க மாட்டிங்களா... ஒரு நியாயம் தர்மம் வேண்-டாமா...!" ஓடி வந்து மூச்சிரைக்கும் ஒரு பசித்த சிறுவனைப் போல அழுதான்.

"இப்ப எதுக்கு நீ அழுதுட்டுருக்க.. நான் என்ன செத்தா போய்ட்டேன்..." பேசிக்கொண்டே அவளும் அழுதாள். சத்-தமில்லாமல் ஓர் ஒப்பாரி அங்கே சாவுக்கு ஏங்கியது.

அவர்கள் அழுகையை சற்று ஆழமாய் பார்த்த கடைக்-
காரர் அருவியில் இருந்து எட்டி குதித்தவர் போல... அமை-
தியில் இருந்து எதையோ அறுப்பது போல...." எங்க வீட்டு
புள்ளைய கூட ஒரு ராத்திரி தூக்கிட்டு போய்...." பெரியவர்
விசும்பினார். திகைத்து அவரையே இருவரும் பார்த்தார்கள்.
அவர்களின் அழுகைக்கு மறதி நிம்மதி சில நொடிகளுக்கு.

"போலீஸ் கேஸ் வாபஸ் வாங்கலனா.... என் பொண்-
டாட்டியையும் தூக்கிட்டு போய்டுவோம்ன்னு சொன்னா-
னுங்க. குடிச்சிட்டு விழுந்து கிடந்தா என் புள்ள வேற
ஒன்னு இல்ல.. இனி கண்டிச்சு வளக்கறேன்னு சொல்லி
மூடிட்டு வீட்டுக்கு வந்துட்டோம். நாமெல்லாம் அண்டி
பொழைக்கற ஆளுங்க தம்பி... மூடிட்டு தான் இருக்க-
ணும்..." என்ற கடைக்காரரின் வாய் பேசி முடித்த பிறகும்
சொற்களில் உழன்று கொண்டிருந்தது.

"அண்டி பொழைக்கறவன்னா அடிமையா அய்யா...
இதுவே அவன் வீட்டு புள்ளய யாராவது இப்பிடி பண்-
ணினா... அவன் ஒத்துக்குவானா... இப்பிடியே விட்டா யார்
தான் இதை கேக்கறது.. இல்ல புள்ள வா.. போய் கேட்-
ருவோம்.. என்ன ஆகுதுன்னு பாத்துடுவோம்.. மனசு அப்ப
தான் ஆறும்..." என்று அவள் கையைப் பற்றி இழுத்துக்
கொண்டு நடக்க ஆரம்பித்தான் ரத்னா.

"கார் பைக் தயாரிக்கற ஏரியா இது. காரோட காரா
பைக்கோட பைக்கா எல்லாருமே இங்க எந்திரங்க தான்ன...
இந்த பையன் வேற சொல்ல சொல்ல கேக்காம போறானே...
கொன்னு பின்னால இருக்கற தோட்டத்துல புதைக்க
போறாங்கனுங்க..." முனங்கி கொண்டே கடவுளை வேண்ட
ஆரம்பித்து விட்டார்.. ஒரு கை அற்ற அந்த கடைக்காரர்.

"ஸ்ஸ்ஸ்.... சத்தம் போடாத.. அதுக்கு தான் காசு குடுத்-
தேனே.. பெரிய பருப்பு மாதிரி தூக்கி வீசிட்டு போய்ட்டா..."
என்று சொற்களை ரத்னாவுக்கு வீசி விட்டு பார்வையை
இன்பலட்சுமி மீதி சிதற விட்டான்.. பொறுக்கி. நாக்கு ஒரு
முறை வாயில் பாம்பு விஷத்தை தடவியது.

"கொஞ்சம் கூட மனசாட்சி இல்லாம இப்பிடி பண்ணி இருக்கீங்க... காசு குடுத்தா சரியா போய்டுமா..." பேசிக்கொண்டே சட்டென முன்னேறி பளாரென ஓர் அறை வைத்தான் ரத்னா.

திக்கென்று கண்களில் பொறி கலங்க... பார்த்த பொறுக்கி... "அடிங் கொம்மா.. எங்க வந்து யார் மேல கை வைக்கற...!" என்று எகிறி ரத்னாவின் நெஞ்சிலேயே ஓங்கி உதைத்தான். உதைத்த மறுகணம் ரத்னா சுருண்டு விழுந்து வயிற்றை பற்றிக் கொண்டு துடிக்க...." டேய் பொறுக்கி உன்ன என்ன பண்றேன் பாரு..." என்று தலையை குனிந்து கொண்டே அவனை நோக்கி முன்னேறி முட்டி தள்ளினாள் இன்பா. அதே கணம் திரும்பி ஓடி வந்து மாமாவை தொட்டு... என்னாச்சு மாமா.. எழுந்திரு.. எழுந்திரு என்று கத்த கத்தவே முட்டியதில் சரிந்து சுவரில் சரிந்த பொறுக்கி..... தடுமாறி எழுந்து வேட்டியை மடித்து கட்டிக் கொண்டு...." என்ன தைரியம்... கொன்னு போட்டர்றேன் பாரு..."முனங்கியபடியே நாக்கை கடித்துக் கொண்டே முன்னேறி வந்து இம்முறை அவள் முதுகில் திம்மென உதைத்தான்.

குப்புற விழுந்தவளுக்கு முன் பற்கள் தெறித்து விட்டன. சூடான ரத்தம் வாய் நிறைந்து வார்த்தைகளை துப்பியது.

"மாமா மாமா... போயிரலாம் போயிரலாம்..." என்று கத்த கத்தவே கையை ஊன்றி சுவர் பற்றி மூச்சை பிடித்துக் கொண்டு எழுந்த ரத்னாவின் கையில் அங்கு இருந்த பூந்தொட்டி ஒன்று வாகாக மாட்டியது. எடுத்த வேகத்தில் பொறுக்கியின் கால் முட்டியில் சாத்தினான். ஒரு கணம் நிலை தடுமாறிய பொறுக்கிக்கு மூச்சு வாங்க ஆரம்பித்து விட்டது. முட்டியில் இருந்து ஒழுகிய ரத்தம் அவனை பதற வைத்து விட்டது. காலை தரையில் ஊன்ற முடியாமல் நொண்டி நொண்டி அங்கும் சுதாரித்து கொண்டே இம்முறை இன்னமும் மூர்க்கமாக கோபம் தறிகெட்டு தலைக்கேற... ரத்னாவின் கையை சுழற்றி பிடித்து முறுக்க... அதே நேரம் தடுக்க வந்த இன்பாவின் முகத்தில் தொடர்ந்து நாலைந்து

அறை அறைந்தான். கை கலப்பில் அவனோடு மல்லுக்கு நிற்க... அவன் கைக்குள் இன்பாவின் விரல்கள் மாட்ட.. அதை அவன் வெறி கொண்டு மடக்கி திருப்ப.. ஒரு விரல் உடைந்த சத்தம் பட்டீரென்று அவளை குரலற்று வாய் திறந்து கதற வைத்தது. ஆவென திறந்த வாய் மூடுவதற்கு நேரம் பிடித்தது. மூச்சு உள்ளேயும் போகாமல் வெளியேயும் வராமல்.. ஒரு பிரமை பிடித்த வலி தேர்ந்த சூடு அவள் முகத்தில் கொப்பளித்தது.

தொண்டைக்குள் எழும்பிய கதறல்.. தூரத்தில் எங்கோ ரயிலில் மோதுவது போல இருந்தது. கண்களை கட்டிக் கொண்டு தலை சுற்றி... தடுமாற செய்ய... கையை தொங்க போட்டுக் கொண்டே முன்னேறிய இன்பா... அவன் மேல் தாவி விழுந்து பிராண்டி... அவன் தொடை சரியாக வாயில் மாட்டி கொள்ள... கடிக்க ஆரம்பித்து விட்டாள். பற்கள் செதுக்கிய வட்டத்தில்... பர பரவென தொடையில் இருந்து எழும்பிய பெரும் வலி... பல்லு பல்லாய் விஷம் ஏறுவது போல உடம்பில் சுழல ஆம்பிக்க... வலி தாங்காமல் ரத்னா-வின் கையை அனிச்சையாக விட்டு விட்ட பொறுக்கி...கடி-பட்ட இடத்தை விடுவிக்க முழு பலத்தையும் கொண்டு அவள் தலையைப் பிடித்து தள்ள வேண்டி இருந்தது. தலை முடியை கொத்தோடு பற்றி இழுத்து ஆட்டி அவள் கவனத்தை திசை திருப்ப.. தலையில் வலி தாங்காமல் எச்-சில் வழிய பின்னோக்கி சரிந்து விழுந்தாள்.

ஒரு கரப்பானின் கடைசி நொடியை அந்த அறையில் அங்கும் இங்கும் சூடு பறக்க சுழல விட்டான் பொறுக்கி. அதே நேரம் வேகமாய் பொறுக்கி தலை முடியை பற்றி கீழே சரித்து தள்ளி சாய்த்து... அவன் முதுகில் இடுப்பில் சரமா-ரியாக மிதித்தான் ரத்னா. ஒவ்வொரு மிதிக்கும் ஒரு சொல் சொல்லொணா வார்த்தையில் வந்து கொண்டிருந்தது. தூ தூவென துப்பிக்கொண்டே இருந்தது அவன் வாய். ஆனா-லும் திமிறி எழுந்த பொறுக்கி கிறுக்கு பிடித்தவன் போல உடம்பை அலசிக் கொண்டு எதிர் தாக்குதல் செய்ய... கன்-னம் கிழிந்து உதடு பிளந்து ரத்தம் கொட்ட தடுமாறி சுவ-

ரோரம் சரிந்தான் ரத்னா.

"என்ன..... என்னவோ சத்தம்....! என்பது போல மெல்ல வீட்டுக்குள் நுழைந்த இன்னொரு பொறுக்கி.. வீட்டுக்குள் நடக்கும் விபரீதத்தை புரிந்தும் புரியாமலும்.. "ஐயோ அண்ணே... அண்ணே என்னாச்சு... அண்ணே..."- கத்திக் கொண்டே அவர்களை நோக்கி ஓடி வந்து பொறுக்கியை தாங்கி பிடித்து... நிலைமையை புரிந்து கொண்டான். அவன் கண்கள் எதிரே நின்றிருந்த இருவர் மீதும் வெஞ்சினத்தோடு விஷத்தை கக்கியது.

"பசங்கள எங்க....?" என்று சூட்டோடு சூட்டாக கேட்க... "அம்மா வந்துருக்குன்னு நீங்க தான வீட்டுக்கு போக சொல்லீட்டிங்க... இதுங்க ரெண்டுக்கும் பசங்க வேணுமா... நான் போதாதா... விடுங்கண்ணே " என்று அவர்களை நோக்கி வேகமாய் எழுந்து முன்னேறியவன்... இருவரையும் மாறி மாறி அடித்து உதைத்தான்...

"எங்க வந்து யார் மேல கை வெச்சிருக்கீங்க... சாவடிக்-காம விட மாட்டேன்.."

மிருகத்தனமான தாக்குதல். அதற்குள் கொஞ்சம் ஆசு-வாசம் பெற்று விட்ட பொறுக்கி நம்பர் ஒன் "இதுங்களை பொறுமையாக ஆற அமர அடிச்சே கொல்லனும்..." என்று சொல்லிக் கொண்டே நாற்காலியில் அமர்ந்து காயத்தை துடைத்துக் கொண்டிருக்க... கண் இமைக்கும் நேரம் தான் நேரம் கூடவும் அதே நேரம் குறையவும். உடைந்த விரலோ-டும்.. மூட்டு நகர்ந்த காலோடும்.. தலை உடைந்து வழி-யும் ரத்தத்தோடும்.. பல் உடைந்த வாயோடும்.... கன்னம் பிய்ந்த... மூக்குடைந்த.... கழுத்து வீங்கிய என்று இன்பாவும் ரத்னாவும்... உள்ளத்தின் பலத்தின் உண்மையின் தீவிரத்-தின்... தங்களின் வாழ்க்கையை இழுத்து மூச்சு சேர்த்து தம் கட்டி... பொறுக்கி நம்பர் டூவை கீழே தள்ளி கட்டி புரண்டு.. மேலேறி அமர்ந்து ரத்னா கழுத்தை நெறிக்க அதே நேரத்-தில் இன்பா அவன் காதை கடித்து எடுத்து விட்டாள். எல்-லாம் மறந்து கேட்பதெல்லாம் குருதி வழியும் குழாய் தான் போல... ஆஅஹ்வென காதை பிடித்துக் கொண்டு சுழல

மறந்த பூமியை தலை மேல் வைத்து சுருண்டு விட்டான்...
பொறுக்கி நம்பர் டூ.

விபரீதம் உணர்ந்த நம்பர் ஒன் பொறுக்கி ரத்னாவின்
வலது காலை...படுகெட்டியாக பற்றி தர தரவென இழுக்க...
அவன் கைகள் நம்பர் டூ பொறுக்கியின் கழுத்திலிருந்து
விடுபட்டு... ஏதொன்றை பிடித்துக் கொள்ள பரபரவென
அங்கும் இங்கும் தரையில் அடித்து பிராண்ட....நகம்
உடைந்து... உள்ளங்கை கீறி.... குருதி கொப்பளிப்புகள்
கூடவே கொந்தளிப்புகள். அதற்குள் பிடித்திருந்த காலை...
பலம் கொண்டு திருப்பி மூட்டு- ஐ நகர்த்தி இருந்தான்.
மூச்சில் பாம்பு கொத்தியது போல வலி ரத்னாவுக்கு. கத்தி-
னான். காதுக்குள் இருக்கும் வாயில் பற்கள் நெறிபடும் சத்-
தம் மூளையின் மூலையில். அதே புள்ளியில்... காலத்தை
நிறுத்தி பொறுக்கி நம்பர் ஒன் மீது கொய்யா மரத்தில் ஏறு-
வது போல ஏறி பரபரவென அவன் கண்ணுக்குள் விரலை
விட்டு நண்டு பிடி போட்டு விட்டாள் இன்பா. அழுத்த
அழுத்த... கண்ணுக்குள் இருக்கும் சிவப்பு தோல் பிதுங்கி...
கண்ணில் நீர் கொட்ட... அந்த பக்க கன்னமே காய்ந்து
உதிர்வது போல காட்டு வெயிலின் தகிப்போடு தடுமாறி
பலம் இழந்து... ரத்னாவின் காலை விட்டு விட்டு பரபர-
வென பின்னால் ஒரு பைத்தியக்கார அசைவோடு தெறித்து
விழுந்து தடுமாறினான்.

கண்ணை அழுந்த பிடித்துக் கொண்டு மேலே விழுந்து
கிடக்கும் இன்பாவையும் பிடித்துக் கொண்டு... உடல்
நடுங்க... வேர்த்து பூத்த பூதம் போல கிடந்தவனை தலை
மயிரை கொத்தாக பிடித்து இழுத்து புடுங்கினான் ரத்னா.
நிற்க முடியாத வேதனையிலும் உள்ளே புகுந்த கொண்ட
கடவுளின் ஆட்டம்... நிலை கொள்ளவில்லை. சாது மிரண்-
டால்.. சாத்தான் ஆகும் என்பது காண கிடைத்த காட்சி.
பயம் நிரம்பி தன்னை வியர்த்துக் கொட்டிய அந்த அறை
முழுவதும் ரத்த சகதியில். சாத்திரம் மாற்றிக் கொண்டிருந்-
தது காலம்.

பிய்ந்த காதை பிடித்துக் கொண்டு மயங்கி கிடந்தவன் மண்டை மீது ஒரு ஏறு ஏறி இறங்கிய இன்பா பாதி பிசாசாக தெரிந்தாள். உடம்பில் எங்கெல்லாம் எதுவெல்லாம் உடைந்ததோ... ஆனாலும்... வேகம் குறையவில்லை. மரண வேகத்தில் மண்டை நிறைய மத்தள சத்தம்.

என்ன நடக்குது என்று மாடியில் இருந்து மெல்ல இறங்கி கொண்டிருந்த பொறுக்கியின் தாய்... வெள்ளாடையில்... வெண்மேகம் போல மிதந்து வருவதாக வந்தது.

சலனமில்லாத பார்வையில்.... ஒருகணம் அங்கே நிகழ்ந்து கொண்டிருந்த சண்டை நின்றது.

எல்லார் பார்வையும் ஒரு புள்ளியில் குவிந்து விலகியது. நீ உள்ள போம்மா என்பதாக கை ஜாடை செய்தான் பொறுக்கி நம்பர் ஒன். எல்லாம் அறிந்த தாய்க்கு சொல்-லாமலே புலப்பட்டு விட்டது. இன்னும் எத்தனை பாவத்தை சுமப்பது போல கவலை சிமிட்டி பார்த்தாள்

மீண்டும் கையில் கிடைத்த இன்னொரு பூந்தொட்டியை எடுத்து அவன் பின் மண்டையில் இறுக்கி சாத்தினான். நின்றிருந்த சண்டையை மீண்டும் தொடங்கிய புள்ளியில் சரியத்தான் முடிந்தது பொறுக்கிக்கு. அவன் தலை குப்புற விழுந்து கண்கள் நடுங்க பார்த்தான். வழக்கத்துக்கு மாறாக தன் பிள்ளை அடி வாங்கி சரிந்து கிடந்த காட்சியை அந்த தாய் வெறித்து பார்த்தாள். கொஞ்சம் சிரித்தது போல தான் இருந்தது.

வெறித்த வெஞ்சினம் கசிந்த பார்வையில்...விறு விறு-வென அந்த தாயை நோக்கி ஓடிய இன்பா... நொடியில் அவளை மாடி படியில் இருந்து இழுத்து கீழே வீசினாள். பட் பட்... பட் பட் .... பட் பட் ..... பட் பட் ..... பட் பட்...என தலை படிக்கட்டில் பட்டு கீழே வருகையில் ரத்தம் பீய்ச்சி அடித்தது.

அவன் வேண்டாம் என்பது போல ஜாடை செய்ய செய்ய... அவனை பார்த்துக் கொண்டே ரத்னா... அந்த அம்மாவின் மீதேறி அமர்ந்து கழுத்தை நெறிக்க ஆரம்பித்து விட்டான்.

பொறுக்கியின் நகர முடியாத உடல் நடுங்கியது. நேற்றிரவு இன்பாவை அம்மணமாக கட்டி வைத்து புணர்ந்த காட்சி ஒரு கணம் பெரும் பாறாங்கல்லாய் அவன் தலை மேல் இறங்கியது. கண்களில் வழிந்த ரத்தம் முழுக்க பாவம். உதறி உதறி நடு ஹாலில் கால்களால் காலத்தை நிறுத்த போராடும் அந்த தாயின் கால்களை அழுந்த பிடித்துக் கொண்டு கண்கள் விரிய பார்த்த இன்பா.... கூந்தல் அவிழ்ந்து ஒரு யட்சியை போல தெரிந்தாள். தாயின் மரணத்தை இத்தனை பெரிய புடுங்கியாக இருந்தும் ஒன்றும் செய்ய முடியவில்லை என்ற இயலாமையில் ஒரு செத்த பாம்பை போல அந்த பொறுக்கி வெறுமனே பார்த்தான். அவன் கண்களில் குருதி தாண்டி கண்ணீர் வழிய ஆரம்பித்தது. ஸ்தம்பித்தலின் வழியே நகரமுடியாத நடுக்கத்தை கெஞ்சி கெஞ்சி கொட்டினான்.

"ஒண்ணுல்லாதவனை என்ன வேணாம் பண்ணலான்னு நினைக்கற உன்ன மாதிரி பொறுக்கிகளோட நினைப்புக்கு இந்த பலி தான் பதில். சாவு தான்டா பெருசு.. அதுக்கே நாங்க தயாராகிட்டோம்... அப்புறம் என்ன.. வர சொல்லு.....கூலிக்கு கொல பண்ற உன் எல்லா நாய்களையும் வர சொல்லு... பாத்தர்லாம்...... முடிஞ்சளவு கொன்னுட்டு தான் சாவோம்..." என்ற மாமாவை இறுக கட்டி கொண்டு முத்தமழை பொழிந்தாள் இன்பலட்சுமி.

கோபம் கோபம் கோபம்... தீரா கோபத்தின் வேகம் அந்த வீட்டை அடித்து நொறுக்கியது. பொறுக்கி கீழே கிடந்து மூச்சு வாங்க பார்த்துக் கொண்டிருந்தான். அவன் கண்களில் வேறு வழியே இல்லாத மரண பயம். மௌனத்தில் ஒன்றுமில்லாத பிணத்தை தன் மீது சுமப்பது தான் சரி என்பது போலவே கிடந்தான்.

அவன் அருகே சென்று அவனையே உற்று பார்த்த இருவரும் தூவென துப்பினார்கள்... "த்தூ பொறுக்கி..."

பல்லு போயி... விரல் உடைந்து...கன்னம் பிய்ந்து... மண்டை உடைந்து ரத்தத்தில் நனைந்திருந்த இருவரும் ஒருவருக்கொருவர் கைத்தாங்கலாக பிடித்துக் கொண்டே

நொண்டியபடியே வீட்டை விட்டு வெளியேறினார்கள்.

அவர்கள் ஒரு போர்க்களத்தில் இருந்து வெளியேறினார்-கள். இனி என்ன நடந்தாலும் எதிர்கொள்ளும் கோபத்தை அவர்கள் தக்க வைத்திருப்பார்கள். அவர்கள் போன திசை நோக்கி ஒற்றை கையால் கும்பிட ஆரம்பித்திருந்தார் பெட்-டிக்கடைக்காரர். இன்னும் அனல் காற்று ஓய்வதாக இல்லை.

6. நிலம் - நீர் - காற்று

-நக்கீரன்

பெரியார் கேட்டார் : "நெருப்பென்றால் என்னவென்று தெரியாத காலத்தில் 'சக்கிமுக்கி' கற்களால் நெருப்பை உண்டாக்கியவன், அந்தக் காலத்துக் கடவுள்தான்; 'அந்தக் காலத்து எடிசன்'தான். அதைவிட மேலான வத்திப்பெட்டி வந்தபிறகு எவனாவது சக்கிமுக்கி கல்லைத் தேடிக் கொண்டு திரிவானா?" (17.10.1948, திருவொற்றியூர்)

ஐம்பூதங்களில் தீண்டாமை - அனைத்து வகைமைக-ளிலும் 'இயல்பு' என்பதற்கு எதிராக 'மீவியல்பு' என்கிற தன்மை உண்டு என்பார் மானுடவியல் அறிஞர் விக்டர் டர்-னர். அதன்படி மீவியல்பு மனிதர்கள் (Liminal Persons), மீவியல்பு காலங்கள் (Liminal Periods), மீவியல்பு வெளிகள் (Liminal Spaces) ஆகியவை உள்ளன. மந்தி-ரவாதி, பைத்தியம், குஷ்டரோகி முதலிய மனிதர்கள் மீவி-யல்பு மனிதர்கள். நடுநிசி போன்ற அச்சுறுத்தும் காலம் மீவி-யல்பு காலம். சுடுகாடு, பாழுங்கிணறு, பாழடைந்த பங்களா போன்றவை மீவியல் இடங்கள். இது உலகெங்கும் காணப்-படும் நிலையே. ஆனால் ஆரியவர்த்தத்தில் இது சாதிய கட்டமைப்புகளாக மாறின. இங்கு மீவியல்பு மனிதர்களாக, தீண்டப்படாதோர் அமைந்தனர். அவர்களுக்குரிய மீவியல்பு இடமாகச் சேரிகள் ஒதுக்கப்பட்டன (தி.கு.இரவிச்சந்திரன், 2014).

திசைகளில் சாதியத்தை உறுதி செய்தவாறே இயற்கையின் கூறுகளான ஐம்பூதங்கள் ஒவ்வொன்றிலும் சாதியம் தன் தடத்தைப் பதித்தது. நிலத்தை நுகர்தல், நீரைச் சுவைத்தல், காற்றைத் தீண்டுதல், நெருப்பைப் பார்த்தல், வெளியைக் கேட்டல் எனத் தீண்டாமையின் எல்லை விரிவடைந்தது. நிலம், நீர், தீ, காற்று, வானம் ஆகியவை சாதியக் கருத்தியல் படிந்து அவை மாசடைந்தன.

நிலம்: சண்டாளர் ஆளைத் தொட்டால் மட்டுமல்ல, நிலத்தைத் தொட்டாலும் தீட்டே. ஊருக்கு வெளியே மரத்தடி, சுடுகாடு, மலையடிவாரம், காடுகளின் ஓரம் போன்றவை பஞ்சமர்களுக்கான வசிப்பிடங்கள் ஆக்கப் பட்டன (மனு,10:39). ஊரின் எல்லைக்குள் சண்டாளர் நுழைந்தால் வேதம் ஓதுவது நிறுத்தப் பட்டது. மனுவின் காலத்தில் தெருவுக்குள் நுழையும் சண்டாளர் தம் முதுகில் ஒரு மரக் கொப்பினைக் கட்டிக் கொண்டு வர வேண்டும். நிலத்தில் படியும் அவர்களுடைய கால் தடத்தை அது துடைப்பம் போல் அழித்துக் கொண்டே வரும்.

தமிழகத்தில் பெருங்கோயிலை மையமாகக் கொண்ட நகரமைப்பிலும் சாதிய நில ஒதுக்கீடு இருந்தது. கோயிலைச் சுற்றியுள்ள மாடவீதி பார்ப்பனர்களுக்கு மட்டும் ஒதுக்கப் பட்டிருந்தது. அதற்கடுத்த ரத வீதி வேளாளர்களுக்கும்; அதற்கடுத்த பகுதிகள், சந்துகள் ஆகியவை கோயிலுடன் தொடர்புடைய சேவை சாதிகளுக்கும் இருப்பிடமாக இருந்தன. தாழ்த்தப் பட்டவர்களுக்கான குடியிருப்பு மட்டும் ஊருக்கு வெளியே ‘சேரியாக’ அமைந்திருந்தது என்று இதனை விளக்குவார் தொ.பரமசிவம் (தி.கு. இரவிச்சந்திரன், 2014).

கேரளாவின் புகழ் பெற்ற வைக்கம் போராட்டத்தில் குறிப்பிட்ட ஒரு சாலையில் நடக்க ஈழவர்களுக்கு அனுமதி மறுக்கப்பட்டது. அது பொதுப்பணத்தில் அமைக்கப்பட்ட சாலை. அங்கிருந்த சட்டப்படியான நிலை இதுதான்: மாநில அரசின் கட்டுப்பாட்டில் இருந்த சாலைகளை A, B என இரு வகைகளாகப் பிரித்திருந்தனர். A வகைச் சாலைகளை

அனைத்து வகுப்பினரும் எந்த வேறுபாடுமின்றிப் பயன்படுத்-
தலாம். ஆனால் B சாலைகளைக் குறிப்பிட்ட சில சாதி-
யினர் மட்டுமே பயன்படுத்தலாம். வைக்கத்தில் கோயிலை
ஒட்டியிருந்த சிக்கலுக்குரிய அந்தச் சாலை B வகுப்பு
சாலை. எனவே கீழ்சாதி மக்கள் அதைப் பயன்படுத்துவ-
திலிருந்து தடுப்பது அரசின் கடமை எனக் கூறப்பட்டது
(பி.சிதம்பரம் பிள்ளை, 2013).

கேரளத்தில் சென்ற நூற்றாண்டு வரை தீண்டாமை உச்-
சத்தில் இருந்தது. தாழ்த்தப் பட்டவர் நம்பூதிரிகளிடம்
இருந்து நிலத்தில் எவ்வளவு தொலைவு விலகியிருக்க
வேண்டும் என்பதற்குக் கணக்கிருந்தது. ஈழவர்கள் 20-36
அடிகள்; செருமான்களும் புலையர்களும் 64 அடிகள்;
நாயாடிகள் 72 அடிகள் தள்ளி நிற்க வேண்டும் (ப்ரஜ் ரஞ்-
சன் மணி, 2018).

கோவில் குடமுழுக்கும் நிலத்தின் தீட்டுக் கழிக்கும்
செயலே. கீழ்சாதி மக்களின் உழைப்பில் உருவான கோயில்
நிலத்தின் தீட்டினைக் கழிப்பதே அச்சடங்கு. புதுமனை புகு-
விழாவிலும் வீட்டுக்குள் மாடு நுழைதல் என்பது நிலத் தீட்-
டுக் கழிப்பின் அடையாளம் (தி.கு.இரவிச்சந்திரன், 2014).
ஒருவர் சட்டமன்ற உறுப்பினராக இருந்தாலும் ஏன், இந்திய
ஒன்றியக் குடியரசின் தலைவராகவே இருந்தாலும் அவர்
ஒரு 'தலித்' என்றால் அவர் புனித இடத்துக்கு வந்து சென்-
றதும் அந்நிலத்தின் தீட்டுக் கழிக்கும் செயல் நடப்பதை
இன்றும் காண்கிறோம்.

நீர்: தூய நீர் மின்சாரம் கடத்தாது. அதில் கரைந்துள்ள
அயனிகளால்தான் அவை மின் கடத்தியாக மாறுகிறது.
இதேபோல் தூய மானுடம் தீட்டுக் கடத்தாது. ஆனால்
அதற்குள் சாதி கரைந்தால் தீட்டுக் கடத்தியாக மாறுகிறது.
சாதியம் கரைந்துள்ள சனாதன மதம் நீரையும் தீட்டுக் கடத்-
தியாக மாற்றியுள்ளது. ஒரு தாழ்த்தப்பட்டவர் நீரைத் தீண்-
டினால் அது தீட்டாகி விடுகிறது. ஆனால் அதே நீரால்
அவரிருந்த இடத்தைக் கழுவினால் தீட்டு நீங்கி விடுகிறது.
இந்த அரிய கண்டுப்பிடிப்புக்கு எப்படி இன்னும் நோபல்

பரிசு வழங்கப்படாமல் இருக்கிறது என்று தெரியவில்லை ?

'சண்டாளனுடைய கிணற்று நீரைச் சண்டாளர்களே அனுபவிக்க முடியும்' என்றது அர்த்த சாஸ்திரம் (1:14). கிணறு மட்டுமல்ல தாழ்த்தப்பட்டவர்களுக்குத் தனிக் குளங்களும் ஒதுக்கப்பட்டு, பொதுக் குளங்கள் தீண்டாமையைக் கடைப்பிடித்தன. மகாராட்டிரா மகார் நகரின் 'சௌதார் பொதுக்குள'த்தில் டாக்டர் அம்பேத்கர் தலைமையில் தலித் மக்கள் திரண்டு நீரெடுத்த வரலாற்றை அறிவோம். அதன் பின்னரும் ஒரு வரலாற்று நிகழ்வு நடந்தது. சௌதார் குளத்து நீர் தீட்டானதால் பார்ப்பனர்கள் அக்குளத்திலிருந்து 108 குடம் நீரெடுத்து, சாணம், கோமியத்தை அதில் கரைத்து மீண்டும் குளத்தில் கொட்டி, தீட்டை நீக்கினர் (ஆ.சிவசுப்பிரமணியன், 2016). ஏனெனில் தீட்டான நீருக்கு 'பஞ்சகவ்யம்'தான் தீட்டுநீக்கி என்று 'சம்வார்த்த ஸ்மிருதி (183) கூறியுள்ளது (தி.கு. இரவிச்சந்திரன், 2014).

குளங்களில் மட்டுமல்ல ஓடுகின்ற நீரான ஆறுகள் வாய்க்காலிலும் சாதிகள் இருந்தன. தமிழகத்தில் சேரிகள் எப்போதும் பள்ளமான பகுதியிலேயே அமைந்திருந்தன. இதுவும் நீர்த் தீண்டாமையே. ஊரின் மேட்டுப்பகுதியில் வசித்த உயர்சாதியினர் புழங்கிய நீரைதான் பள்ளப் பகுதி- யில் வாழும் தாழ்த்தப்பட்ட மக்கள் பயன்படுத்துமாறு வசிப்- பிடங்கள் அமைக்கப் பட்டிருந்தன. ஓர் ஊரின் தாழ்த்- தப்பட்ட மக்கள் புழங்கிய நீர்தானே அதற்கடுத்த ஊரின் மேட்டுப் பகுதிக்குச் செல்லும்? அங்குள்ள உயர்சாதி மக்கள் அதைத் தானே பயன்படுத்த வேண்டும்? என்ன அறிவோ தெரியவில்லை!

'அன்று டைனசோர் குடித்த நீரைத்தான் இன்று நாம் குடிக்கிறோம்' என்கிறது அறிவியல். உலகம் தோன்றியபோது இருந்த நீர் மூலக் கூறுகளே இன்றும் நீர்ச்சுழற்சியில் சுழன்று வருகின்றன. உண்மையைச் சொன்னால் அது டைனசோரின் சிறுநீரில் இருந்த மூலக்கூறாகவும் இருக்- கலாம். நாம் குடித்த நீர் மூலக்கூறுகளை விலங்குகளும் குடிக்கலாம். அவ்வகையில் ஒவ்வொரு மனிதரும் பிறர்

குடித்த நீரையே குடிக்கின்றோம். இதில் சாதி கலந்த நீர் மூலக்கூறினை எப்படிக் கண்டுப்பிடிப்பது?

நாம் விடும் மூச்சுக் காற்றிலும் நீர் மூலக் கூறுகள் உண்டு. மூச்சுக் காற்று எல்லா மனிதர்களின் மூச்சிலும் புகுந்து வெளிவருகிறது. ஒரு தாழ்த்தப்பட்டவரின் மூச்சில் புகுந்து வெளிவந்த நீர் மூலக்கூறுகள்தான் ஆதிக்கச் சாதி-யினரின் மூச்சிலும் புகுந்து வெளிவருகிறது. இதற்காக மூச்சு நிறுத்திக் கொள்ளப்படுமா? நீர்த் தீண்டாமை குறித்துப் பேசு-வது எல்லாம் வேத இலக்கியம்தான், நம் சங்க இலக்-கியங்கள் அல்ல என்பதைச் சாதியத் தமிழர்கள் நினைவு கொள்ள வேண்டும்.

தீ: - வைதீக வழிபாடு என்பது 'அக்னி' வழிபாடு. குளிர்ப் பகுதியில் வசித்தபோது 'சூரிய பகவான்' இல்லாத நேரங்களில் வெம்மைக்கு 'அக்னி பகவான்' உதவியாக இருந்தார். அது வழிபாட்டிலும் எதிரொலித்தது. ஒவ்வொரு வழிபாட்டு நிலைக்கும் தீ மூட்ட வேண்டும். அத்தீயிடையே படையல்கள் கொட்டப்பட வேண்டும். அவை கடவுளர்க-ளால் உண்ணப்படும் (பி.டி.எஸ்.அய்யங்கார், 1989).

அக்னி வழிப்பாட்டின் சடங்கியல் முறை பின்னர்க் கருத்-தியல் நிலைக்கு நகர்த்தப்பட்டது. சதி எனும் உடன்கட்டை ஏறுதலில் பெண் தீயில் தள்ளப்பட்டு தெய்வத் தன்மை பெற்-றாள். உடன்கட்டை ஏறுதலிலும் அக்னி பகவான் சாதி வேறுபாடு காட்டினார். கி.பி. ஆயிரமாம் ஆண்டளவில் எழுதப்பட்ட பத்ம புராணம் சத்திரியப் பெண்கள் உடன்-கட்டை ஏறினால் மேன்மையானவர்கள் என்றது. அதே செயலை பார்ப்பனப் பெண்கள் செய்யக்கூடாது. அவ்விதம் செய்ய உதவுபவர்கள் 'பிரம்மஹத்தி' (பார்ப்பனக் கொலை) செய்தவர்களுக்கு ஒப்பானவர்கள் என்று அச்சுறுத்தியது. இதுபோல்தான் தீக்குளிக்கும் செயலும் (அல்லது சோதியில் ஐக்கியமாதல்) பறையரைப் பார்ப்பனராக உயர்த்தியது (டோனி வெண்டிகர், 2016).

அக்னிதான் காடுகளை வேளாண் நிலமாக்க அவற்றை எரித்துக் காட்டுயிர்களையும் பழங்குடிகளையும் அழித்தது.

பிழைத்தவர்கள் 'அவர்ணகள்' ஆக்கப்பட்டனர். இதனா-
லேயே பழங்குடி மக்களுக்கு அக்கினி வழிபாடான 'வேள்-
வித்தீ' மீது எதிர்ப்புணர்வு இருந்தது. இதை இராமயணத்தில்
காணலாம். முனிவர்களின் ஆரண்ய வாசத்தின்போது
அவர்கள் நடத்திய வேள்வியைப் பழங்குடிகள் எதிர்த்தனர்.
இராமனிடம் உதவி கேட்டு சென்ற முனிகள், ''தெய்வத்
தன்மை வாய்ந்த வேள்வித் தீயில் பலி உணவுகளைப்
படைக்கும் நிலையில் யாகக் கலசத்தைத் தூக்கி எறிகின்-
றனர். தண்ணீர் ஊற்றி வேள்வித் தீயை அணைக்கின்-
றனர். பானைகளையும் உடைத்தெறிகின்றனர்'' என்று புகார்
தெரிவித்தனர். இது ஆரியரின் தீ வழிபாட்டு முறைக்கு
இருந்த எதிர்ப்பின் பதிவாகும். தொடர் விளைவாகப் பாரதப்
போருக்கு பின்னர் 'தீ' வழிப்பாட்டு முறை வழக்கிழந்தது
என்கிறார் பி.டி.சீனிவாச அய்யங்கார் (பி.டி.எஸ்.அய்யங்-
கார், 1989).

காற்று: - தீண்டாமையின் முற்றிய நிலை காற்றுத் தீண்-
டாமை. சண்டாளர் மீது பட்ட காற்று, தம் மேல் பட்-
டால் தீட்டு எனப்பட்டது. எனவே காற்று வரும் திசையில்
அவர்கள் வரக் கூடாது. சண்டாளர்களைத் தொட்ட காற்று
ஊருக்குள்ளும் வரக் கூடாது என்பதால் நடைமுறையில்
காற்றடிக்கும் திசை பார்த்து 'சேரி' உருவாக்கப் பட்டது.

காற்று தீண்டாமைக்குச் சிறந்த எடுத்துக்காட்டு பிட்சா-
டனர் உருவம். முன்பு சண்டாளர்கள் ஊருக்குள் வருவதை
அறிவிக்க, கால்களில் மணிகளைக் கட்டும் வழக்கம் இருந்-
துள்ளது. அந்த மணியோசை காற்றில் பரவி சண்டாளரின்
வருகையை ஊருக்குள் அறிவிக்கும். உடனே மேல்சாதி மக்-
கள் தங்களை அவர்களுடைய பார்வையிலிருந்து மறைத்துக்
கொள்வர். சோழர் கால வெண்கல படிமங்களில் சிவன் பிட்-
சாடனர் மூர்த்தியாக வரும்போது அவருடைய ஒரு காலில்
மணி கட்டப்பட்டிருப்பதைக் காணலாம். பிட்சாடனர் என்பது
சண்டாளரின் வடிவம் (டோனி வெண்டிகர், 2016).

வானம்: வானில் என்ன வகையான தீண்டாமை இருக்க முடியும்? என்ற கேள்வி எழலாம். எல்லா தெய்வலோ-கங்களும், சொர்க்கமும் நரகமும் அங்கேதானே உள்ளன. இவற்றில் நரகம்தானே சூத்திரர்களுக்கான 'இட ஒதுக்கீடு'. ஆகாயம் எப்போதுமே பரிசுத்தமான இடம். ஒருமுறை விஸ்-வாமித்திரர் சண்டாளன் கையிலிருந்த நாயின் முழங்கால் மாமிசத்தை வாங்குகிறார். ஆனாலும் பாபம் அவரை அண்-டவில்லை (மனு.10:97). இதை விளக்கும்போது மனு கூறு-கிறார்: "ஆகாசத்தில் வீசப்பட்ட சேறு ஆகாசத்தை அழுக்-காக்க இயலுமா? அவ்வாறே பார்ப்பனரும் தூய்மை கெட மாட்டார் (மனு.10:93). இங்குப் பார்ப்பனரின் தூய்மையுடன் வானம் ஒப்பிடப்படுவதை நோக்கவும். அவ்வகையில் வான்-வெளி பார்ப்பனருக்குரிய 'பரிசுத்த' இடமாக மாற்றப்படுகிறது.

வேதகாலப் பார்ப்பனியத்தின் பிரபஞ்சமாகக் கிராமம், குழுமம், குடும்பம், வேள்வி ஆகியவை இருந்தன. சமகாலப் பார்ப்பனியத்தில் நவீன அரசும் இந்து தேசியமும் அதன் பிரபஞ்சமாக அமைந்துள்ளன. முன்பு அவர்களிடத்து இருந்த வேள்வி செய்யும் உரிமை தற்காலத்தில் உயர் அறி-வியல் துறையின் உரிமையாக மாற்றம் பெற்றுள்ளது. உயர் அறிவியல் துறை அவர்களுடைய எழுதப்படாத உரிமையாக மாறியுள்ளது (ராமானுஜம், 2016). குறிப்பாக அணுவாற்-றல் துறையில் ஆபத்தான கீழ்மட்ட பணிகளைச் செய்ப-வர்களை, 'ஒளிரும் அடிமைகள் (Glow Slaves) என்-றழைப்பர். இவர்கள் அனைவரும் தாழ்த்தப்பட்டவர்களா-கவோ, ஏழைகளாகவோ உள்ளனர். ஆனால் உயர்பொறுப்-பில் இருப்பவர்கள் பெரும்பாலோர் பார்ப்பனராகவே உள்-ளனர். (சுப.உதயகுமார், 2013). இது வான் தீண்டாமையின் அடையாளமே!

* * *

சுற்றுச்சூழல் பாதுகாப்பும் தீண்டாமையும்

தீண்டாமை இரு வடிவங்களில் இயங்கும். ஒன்று அகச்-சார்பு (Subjective) தீண்டாமை. மற்றொன்று புறச்சார்பு

(Objective) தீண்டாமை. தன்னைப் புனிதமாக்கிக் கொள்ள மற்றமையை விலக்குவது அகச்சார்புத் தீண்டாமை. மலம், மனிதர் போன்றவை அந்த மற்றமையாகும். புறச்-சார்புத் தீண்டாமை என்பது புனிதத்தில் இருந்து தன்னை விலக்கிக் கொள்வது. கோவில், வழிப்பாட்டுப் பொருட்கள் போன்றவையே அப்புனிதம். இவ்விரண்டிலும் அகச்சார்பு தீண்டாமையே வழக்கத்தில் மிகுந்துள்ளது (தி.கு.இரவிச்சந்-திரன், 2014).

இருவகைத் தீண்டாமையிலும் 'தூய்மை'யே மையப் பங்கு வகிக்கிறது. தூய்மை சுற்றுச்சூழலோடு தொடர்புடையது. காட்டில் வாழும் சில விலங்குகளைத் 'துப்புரவு விலங்குகள்' என்றழைப்பர். அவற்றின் பணி சூழல் மாசடையாமல் காப்-பதே. புலி தன் இரைவிலங்கை வீழ்த்தினால் அதன் இறைச்சியை முழுமையாக உண்ணாது. பசிக்குப் போக மீதியை வைத்துவிடும். அவ்விலங்கின் பிணம் அப்படியே கிடந்தால் நச்சுயிரிகள் பெருகி மற்ற உயிரினங்களுக்கு ஆபத்தாகிவிடும். இந்நிலையில்தான் 'துப்புரவு விலங்குகள்' உதவிக்கு வருகின்றன. செந்நாய்கள் மீதி இறைச்சியைத் தின்னும். அவை மிச்சம் வைத்ததைப் பாறு முதலிய கழு-குகளும் காகங்களும் தின்னும். எலும்பையும் தோலையும் தின்ன கழுதைப்புலி வரும். கடையில் துளியும் தடயமின்றி எறும்புகள் தூய்மையாக்கி விடும். எனவே துப்புரவு விலங்-குகளுக்குச் சூழலியலில் பெரும் மதிப்புண்டு. ஆனால் இதே சூழல் காக்கும் துப்புரவுப் பணியை மனிதர்கள் செய்தால் சாதிய சமூகத்தில் அவர்கள் இழிபிறவிகள் ஆக்கப் பட்-டனர்.

நம் ஊரமைப்பில் 'கழிப்பிடம்' வீட்டுக்கு வெளியே அமைந்திருந்தது. இதனால்தான் 'வெளி'க்கு போவது என்-பது மலம் கழிக்கச் செல்வதைக் குறித்தது. புழங்குவெளி மிகுதியாகவும் மக்கள் தொகை குறைவாகவும் இருந்த ஒரு வெப்ப மண்டல நாட்டில் இவ்வழக்கமும் அன்று இயல்பாக இருந்தது. இந்தச் சூழலியல் அமைவுதான் சாதியமாக உரு-வெடுத்தது. உடலிலிருந்து வெளியேறும் மலம் எவ்வளவு

தூய்மையற்றதோ அந்தளவுக்குச் சமூகக் கட்டமைப்புக்கு வெளியிலிருந்த சண்டாளர்களும் தூய்மையற்றவர்கள் ஆக்கப்பட்டனர். அவர்கள் மலத்தோடு ஒப்பிடப்பட்டனர். இந்தத் தீண்டாமை நிலை குறித்துப் பெரியார் வேதனையுடன் சொன்னார்: “மல உபாதைக்குச் சென்றவன் அந்தப் பாகத்தை மட்டும் கழுவிச் சுத்தம் செய்கிறான். ஆனால் இன்னொரு மனிதரைத் தொட்டுவிட்டால் உடல் முழுக்க நனைத்துக் குளிக்கிறான்” (29.09.1929).

உண்மையில் ஈக்களுக்கு அளிக்கப்பட்ட மரியாதைகூட மனிதருக்கு வழங்கப்படவில்லை. ஈக்கள் மலத்தில் அமர்பவை. அவற்றுக்கு என்ன தீட்டு வைத்துள்ளனர் என்று பார்த்தால் அவை அழுக்கில் அமர்பவையாக இருந்தாலும் ஈக்கள் மேலே அமர்ந்தால் குளிக்க வேண்டியதில்லை என்கிறார் மனு (5:133).

மலம். சிறுநீர், சளி, எச்சில், மாதவிலக்கு ஆகிய உடல் கழிவுகள் அனைத்தும் தூய்மையற்றவை என்பதில் மாற்றுக் கருத்தில்லை. ஆனால் அவற்றுக்குச் சாதி இருந்ததுதான் கொடுமை. பார்ப்பனரின் எச்சிலாக இருந்தால் அதனைச் சூத்திரன் கையேந்தி வாங்க வேண்டும் என்று ஆபஸ்தம்பத் தர்ம சூத்திரம் கூறுகிறது (ஜோசப் இடமருகு, 2017). இந்த அநீதிக் கண்டு ஆத்திரமடையும் ஒரு சூத்திரர் பார்ப்பனரைப் பார்த்து காரி உமிழ்ந்தால் என்ன தண்டனைத் தெரியுமா? அவருடைய உதடுகளை அறுக்க வேண்டும் (மனு. 8:282).

மொத்தத்தில் புனிதம் X தீட்டு என்கிற கருத்தாக்கம் இயற்கையின் சொத்துக்களைக் கைப்பற்றிச் சுற்றுச்சூழலின் மீது ஆதிக்கம் செலுத்தவே உருவாக்கப்பட்டிருப்பது தெளிவு. பார்ப்பனர்களால் தொடங்கி வைக்கப்பட்ட இது மற்ற சாதியினரிடையேயும் பரவியதன் விளைவாக இன்று நீர், நிலம் இரண்டுமே ஆதிக்கச் சாதியினரின் உடமையாக விளங்குகிறது. இதனால் இவர்கள் தம்மைப் பார்ப்பனர் தகுதிக்குக் கற்பனை செய்து கொள்கிறார்கள்.

ஒன்றை தெளிவாக அறிதல் நலம். பார்ப்பனர் தூய்-மையானவர் என்பதால் 'சவர்ணர்' என அழைக்கப்பட்டனர். சதுர்வர்ணத்துக்கு உட்பட்டிருந்தாலும் சூத்திரர் தூய்மையா-னவர் அல்ல. அவர்ணர் எனப்படும் சண்டாளரைக் காட்-டிலும் கொஞ்சம் தூய்மையானவர், அவ்வளவுதான். மொத்-தத்தில் இருவரும் இழிபிறப்பே. அதிலும் தென்னிந்தியர்கள் அனைவரும் சூத்திரரே என்று உச்ச நீதிமன்றமே உறுதி செய்துள்ளது.

7. எங்கள் காற்று...

எங்களுடைய நிலத்தை வாங்க விரும்புவதாகக் குடியரசுத் தலைவர் வாஷிங்டனிலிருந்து செய்தி அனுப்புகிறார். ஆனால், வானத்தை எப்படி வாங்க முடியும்? எப்படி விற்க முடியும்? நிலத்தை எப்படி வாங்கவும் விற்கவும் முடியும்? விற்பது – வாங்குவது என்ற எண்ணமே எங்களுக்கு விந்-தையாக உள்ளது! காற்றின் புதிய வாசம், தெறித்துவிழும் நீர்த்துளி இவை உங்களுடையதா? அல்லவே! உங்களுக்குச் சொந்தமில்லாத ஒன்றை நீங்கள் எப்படி விற்க முடியும்? இப்பூமியின் ஒவ்வொரு பகுதியும் எங்கள் மக்களுக்குப் புனி-தமானது! ஒளிரும் ஒவ்வொரு பைன்மர ஊசி இலைகளும், ரீங்காரமிடும் ஒவ்வொரு வண்டின் இசையும் எங்கள் மக்க-ளின் நினைவுகளிலும் அனுபவங்களிலும் புனிதமானவை!

இரத்த நாளங்களில் பாயும் நம்முடைய இரத்தம் போன்-றதுதான் மரங்களினூடே சென்று மரங்களுக்கு உணவளிக்-கும் இளஞ்செடிச் சாறுகள் என்பதனை நாங்கள் அறிவோம்! நாங்கள் இந்தப் பூமியின் ஓர் அங்கம்! எங்களில் ஒரு பகுதி பூமி! மணம் வீசும் மலர்கள் எங்களின் சகோதரிகள்! கரடி, மான், பெருமைமிகு கழுகு ஆகிய இவையனைத்தும் எங்கள் சகோதரர்கள்! பாறைகளால் ஆன மலையுச்சிகள், பச்சைப் புல்வெளி யின் இலைச்சாறுகள், போனி (என்னும் சிறுகுதி-ரையின்) யின் வெப்பமான உடல், இவர்களுடன் மனிதர்கள் என அனைத்தும் ஒரே குடும்பத்தைச் சேர்ந்தவையே!

ஆறுகளிலும் ஓடைகளிலும் ஒளிவீசிப் பாயும் தண்ணீர் வெறும் தண்ணீரல்ல! எங்கள் முன்னோர் களின் இரத்தம். எங்கள் நிலத்தை நாங்கள் விற்றால் அந்த நிலம் எங்களுக்குப் புனிதமானது என்பதனை நீங்கள் உணரவேண்டும். ஏரிகளில் இருந்து பேரிரைச்சலோடு வெளிப்படும் தெளிந்த நீர் எங்கள் மக்களின் வாழ்வில் நிகழ்ந்த பல்வேறு செயல்களையும் அதன் நினைவுகளையும் வெளிப்படுத்திக் கொண்டே இருக்கின்றன.

என்னுடைய பாட்டனாரின் குரலை இந்தத் தண்ணீர் முணுமுணுத்துக் கொண்டே இருக்கின்றது. ஆறுகள் எங்களின் சகோதரர்கள்! எங்களின் தாகத்தை அவை தணிக்கின்றன. எங்களின் சிறு பரிசில்களை அவை சுமந்து செல்கின்றன. எங்கள் குழந்தைகளுக்கு அவை உணவளிக்கின்றன. அதனால், ஒரு சகோத ரனிடம் செலுத்தும் அதே அன்பை இந்த ஆற்றினிடமும் நீங்கள் செலுத்த வேண்டும்.

நாங்கள் இந்த நிலத்தை உங்களுக்கு விற்பது என்றால் நீங்கள் நினைவில் கொள்ள வேண்டியது ஒன்றுண்டு. இந்தக் காற்று எங்களின் அரிய செல்வம். இவ்வுலகில் உள்ள எல்லா உயிரினங்களைத் தாங்கி நிற்கும் காற்று அவ்வுயிரினங்களின் உணர்வுகளில் கலந்திருக்கிறது. என்னுடைய பாட்டன் குழந்தையாய்ப் பிறந்த போது அவருக்கு முதல் மூச்சை அளித்து உயிர்ப்பித்த அதே காற்றுதான் அவருடைய இறுதி மூச்சையும் எடுத்துக் கொண்டிருக்கிறது.

இக்காற்று தான் எங்கள் குழந்தைகளின் உயிர்மூச்சைத் தாங்கி நிற்கிறது. எனவே, உங்களுக்கு எங்கள் நிலங்களை நாங்கள் விற்பது என்றால் அந்த நிலங்களை நீங்கள் உங்களிடமிருந்து பிரித்துத் தனியாகவும் புனிதமான தாகவும் வைத்திருக்க வேண்டும். பசுமையான புல் வெளிகளில் பூத்த பூக்களின் வாசத்தால் இனிமையான இக்காற்றினை மனிதர்கள் சென்று உரணக்கூடியதாக அந்த இடம் இருக்க வேண்டும்.

இந்தப் பூமி நம்முடைய தாய் என்று நாங்கள் எங்கள் குழந்தைகளுக்குக் கற்றுக் கொடுத்ததுபோல், உங்கள் குழந்-

தைகளுக்கும் நீங்கள் கற்றுத் தருவீர்களா? பூமியின் மீது ஏற்படுத்தும் அழிவு அப்பூமித் தாயின் மைந்தர்களின் மீது ஏற்படுத்தும் அழிவு எனக் கற்றுத் தருவீர்களா? நாங்கள் இதனை அறிவோம். இப்பூமி மனிதர்களுக்குச் சொந்தமான-தன்று. மாறாக மனிதர்கள்தாம் பூமிக்குச் சொந்தமானவர்கள்.

இரத்தம் எவ்வாறு மனிதர்களை ஒன்றிணைக்கிறதோ, அதே போன்று உலகிலுள்ள எல்லாப் பொருள்களும் ஒன்-றோடு ஒன்று இணைக்கப்பட்டிருக்கின்றன. வாழ்க்கை வலை யினை மனிதர்கள் நெய்வதில்லை. அவர்கள் அந்த வலை-யில் உள்ள இழையைப் போன்றவர்கள். அந்த வலைக-ளுக்கு இழையாக உள்ள மனிதன் ஏதாவது செய்தால், அது அவன் தனக்குத்தானே ஏதோ செய்து கொள்வதைப் போன்-றது.

ஒன்றுமட்டும் நாங்கள் அறிவோம். எங்களின் கடவுள்-தான் உங்களின் கடவுளும்! இப்பூமி அவரின் மிகச்சிறந்த பொக்கிஷம். இப்பூமிக்கு ஏற்படுத்தும் கேடு அப்பூமியைத் தோற்றுவித்தவரின்மீது கொட்டும் பெறுப் பாகும். உங்களின் முடிவான இலக்கு என்ன என்பது எங்களுக்குப் புதிராகவே உள்ளது. உலகில் உள்ள எல்லா எருமை மாடுகளும் வெட்-டப்பட்டுவிட்டால் அதன்பின் என்ன நடக்கும்? எல்லாக் காட்டுக் குதிரைகளும் அடக்கப்பட்டு வீட்டு விலங்குகளா-னால் என்ன நேரிடும்?.

காட்டின் இரகசிய இருண்ட பகுதிகள் அனைத்தும் மனித வாடையால் நிரப்பப்பட்டு விட்டால் அதன் விளைவுகள் என்னவாகும்? முதிர்ந்த பழமை யான மலைக்குன்றுகள் எல்லாம் பேசும் மின்கம்பிகளால் இணைக்கப்பட்டுவிட்டால் என்ன நடக்கும்? மரம், செடி, புதர்கள் என்னவாகும்? அவை இல்லாமல் போய்விடும். கழுகுகள் எல்லாம் காணா-மல் போய் விடும். துள்ளிக்குதிக்கும் சிறு குதிரையை எங்கு தேடி, எப்படி விடை கொடுப்பீர்கள்? வாழ்தல் என்பது அத்துடன் முற்றுப்பெற்றுவிடும். அதன்பின் வாழ்வதற்கான போராட்டத்தைத் துவங்க வேண்டியிருக்கும்.

கடைசிச் செவ்விந்தியன் காலவெள்ளத்தில் கரைந்து போனபின், அவனுடைய நினைவுகள் சமவெளிகளில் பரவும் மேகங்களைப் போல நிழல்களாக மறைந்து போனபின், இந்தக் கடற்கரைகளும் காடுகளும் இதே நிலையிலேயே இங்கேயே இருக்குமா? இல்லாமல் போய்விட்ட எம்மக்களின் உணர்வுகள் இங்கு உணரப் படுமா?

புதிதாகப் பிறந்த குழந்தை எப்படி தாயின் இதயத் துடிப்பை நேசிக்குமோ அப்படி நாங்கள் இந்த மண்ணை நேசிக்கிறோம். எங்கள் நிலங்களை உங்களுக்கு விற்றால் நாங்கள் எப்படி இந்த நிலங்களை நேசித்தோமோ அதேபோல நீங்களும் நேசியுங்கள்.

“நிலம் எங்கள் தாய்” என்று தமிழகமெங்கும் வீறுகொண்டெழுந்து, வேளாண் பெருமக்கள் நிலத்தைக் காப்பதற்காகவும் வேளாண்மையைப் பாதுகாப்பதற்காகவும் வீரம் செறிந்த போராட்டங்களை நடத்திவரும் இன்றைய சூழல் மிக முக்கியமான வரலாற்று நிகழ் வாக மாறிக் கொண்டிருக்கிறது.

இந்தியாவின் ஆன்மா “கிராமங்களில்தான் வாழ்கிறது” என்று கூறிக்கொண்டே இன்றைய ஆட்சியாளர்கள் கிராமங்களைச் சீரழித்துக் கொண்டிருக்கிறார்கள். வளர்ச்சியின் பெயரால் ஏழைகளின் வாழ்வாதாரங்கள் அழிக்கப்படுகின்றன.

விளை நிலங்கள், அவற்றிற்கான நீர்நிலைகள் வற்றி உலர வைக்கப்பட்டு எண்ணெய் வயல்களாக மாற்றுவதற்கான பணிகள் முழுவீச்சில் நடைபெற்று வருகின்றன. பன்னாட்டு நிறுவனங்கள் இந்நாட்டுக் கார்ப்பரேட்டுகள் நிலங்களை விழுங்கக் காத்திருக்கின்றனர்.

நெடுவாசல், கதிராமங்கலம் மக்களில் துவங்கி எட்டுவழிச் சாலைக்கெதிரான போராட்டங்களை முன்னின்று நடத்தும் உழைக்கும் வேளாண் பெருங்குடி மக்களுடன் இணைந்து செயலாற்ற வேண்டிய கடப்பாடு அனைத்துப் பிரிவினருக்கும் உள்ளது.

இன்றைய சூழலில் நூற்று ஐம்பது ஆண்டுகளுக்கு முன்னர் அன்றைய அமெரிக்க அரசாங்கத்தை எதிர்த்துச் செவ்விந்தியப் பழங்குடியினத் தலைவர்களில் ஒருவரான சியாட்டில் எழுதிய 'திறந்த மடல்' எவ்வளவு பொருத்தமாக விளங்குகிறது என்பது வியப்பாக உள்ளது. இயற்கை வளங்களை, நீர் ஆதாரங்களை, வேளாண் தொழிலை, பூர்வக்குடியினரின் உரிமைகளை நசுக்கும் முயற்சிகளை இயல்பாக எதிர்கொண்டு உலக சமத்துவம், சகோதரத்துவம் முன்னிறுத்தும் சியாட்டிலின் திறந்த வெளி மடல், தங்கள் நிலத்தை, நீரை, வாழ்வாதாரங்களை இழந்து விடக்கூடாது என்று போராடுவோர்களின் உந்துசக்தியாக இன்றும் திகழ்கிறது. 1852-இல் எழுதியதாகக் கூறப்படும் இக்கடித்தில் எழுப்பிய பிரச்சினைகள் இன்றளவும் தீர்க்கப்படவில்லை என்பது மட்டுமல்ல, முன்னிலும் வேகமாக அவ்வளங்கள் சூறையாடப் படுகின்றன என்பது வெளிப்படையான உண்மை.

சியாட்டிலின் அக்கடிதத்தை “எங்கள் காற்று, எங்கள் நீர், எங்கள் நிலம்” என்ற தலைப்பில் மொழிபெயர்த்து அனைவரின் பார்வைக்கும் வைத்துள்ளேன்.

கொரோனாப் பேரிடரை இத்துடன் பொருத்திப் பார்க்க வேண்டும்.

8. இருபதாம் நூற்றாண்டில் அறிவியல் தமிழ்

பத்தொன்பதாம் நூற்றாண்டிலேயே டாக்டர் பிஷ் கிறீன் போன்ற ஐரோப்பியர் களாலும் வெ.பா. சுப்பிரமணிய முதலியார் போன்ற தமிழர்களாலும் சரியான இலக்கில் பயணப்பட்ட அறிவியல் தமிழ் இருபதாம் நூற்றாண்டில் மேலும் பல மைல்கற்களைத் தாண்டி இலக்கினை நெருங்கிவந்துள்ளது.

சாமுவேல் எழுதிய மானுட மர்ம சாஸ்திரம்: மானுட மர்ம சாஸ்திரம் நூல் 1908இல் எஸ்.சாமுவேல் என்பவரால் எழுதப்பட்டு பர்மாவிலிருந்து வெளியிடப்பட்டது. இந்நூல் பர்-

மாவிலேயே அச்சிடப்பட்டுள்ளது. இந்நூலுக்கு, சிசு உற்பத்தி சிந்தாமணி என்ற வேறொரு பெயரும் இடப்பட்டுள்ளது. இந்நூலில் மனித உடற்கூறு பற்றி விரிவாகக் கூறப்பட்டுள்-ளது. பெரும்பாலும் பிறப்பு உறுப்புகளைப் பற்றிய மருத்-துவமும் மகப்பேறு மருத்துவமும் இந்நூலில் 12 பாகங்க-ளில் அறுநூறு பக்கங்களில் விரிவாகப் பேசப்பட்டுள்ளன. இந்நூலின் ஆசிரியர் எஸ். சாமுவேல் இரங்கூன் ஜென் ஜான்ஸ் கல்லூரியின் தலைமை ஆசிரியராவார். அவர் மேலும் மானஸ மர்ம சாஸ்திரம் என்ற தலைப்பில் மனோவ-சிய சாஸ்திர நூலொன்றை 272 பக்க அளவில் 1910 ஆம் ஆண்டிலும் மனோ தத்துவ அறிவியலான Hypopnotism பற்றி ஷிப்னாட்டிஸம் என்ற நூலை 1913 ஆம் ஆண்டிலும் வெளியிட்டுள்ளார். இந்நூல்கள் மட்டுமின்றி இரஞ்சிதபோ-தினி என்ற அறிவியல் இதழையும் நடத்தியுள்ளார் என்று தெரிகிறது. பர்மாவைச் சேர்ந்த எஸ். சாமுவேல் என்கிற இந்நூலாசிரியரைச் சிலர் சாமுவேல் பிஷ் கிறீன் எனத் தவறாகப் புரிந்துகொண்டு இருவரும் ஒருவரே என்ற நிலை-யில் குறிப்பிடுகின்றனர். இந்தச் சாமுவேல் பிஷ்கிறீனின் வேறுபட்ட ஒருவர் என்பதை இரா. பாவேந்தனின் கட்-டுரையொன்று ஆதாரங்களோடு தெளிவுபடுத்தியுள்ளது. (இரா.பாவேந்தன், 20ஆம் நூற்றாண்டின் தொடக்கத்தில் அறிவியல் தமிழாக்கம், 1997)

எஸ்.சாமுவேல் அவர்களின் மானுட மர்ம சாஸ்திரம் நூல் பொது மக்களுக்காகவும், மானஸ மர்ம சாஸ்திரம், ஷிப்-னாட்டிஸம் என்ற இரண்டு நூல்களும் மருத்துவர்களுக்கா-கவும் எழுதப்பட்டுள்ளன. மேற்சொன்ன மூன்று நூல்களும் வடமொழி கலந்த தமிழிலேயே எழுதப்பட்டுள்ளன. புராண, இதிகாச, இலக்கிய, நாட்டுப்புற வழக்காறு முதலான சான்-றுகளை முதலில் தெரிவித்துப் பின்னர் அறிவியலை எளி-மையாக விளக்கும் பாணியிலேயே அவரின் அனைத்து நூல்களும் அமைந்துள்ளன.

மொழிபெயர்ப்பு அறிவியல் நூல்கள்: பத்தொன்பதாம் நூற்றாண்டில் டாக்டர் பிஷ் கிறீன் அவர்கள் தொடங்-

கிவைத்த அறிவியல் மொழிபெயர்ப்பு நூலாக்கப் பணிகள் இருபதாம் நூற்றாண்டில் வேகம் பெறத் தொடங்கின. 1901இல் சேடன் பாபு இராசகோபாலாச்சாரி என்பவர் Euclid என்ற கணிதவியல் அறிஞரின் நூலை யூகிலிட்டின் சேத்திர கணிதப் பாலபோதினி என்ற பெயரில் வெளியிட்-டார். இந்நூல் Geometry பற்றியது. தொடர்ந்து பல்வேறு ஆங்கில அறிவியல் நூல்கள் பாடநூல்களாகவும் பொது-மக்களுக்கான நூல்களாகவும் மொழிபெயர்த்து வெளியிடப்-பட்டன.

1924இல் பிலிப் எல்.நெல்சன், புதிய ஆரோக்கியமும் நீடித்த ஆயுளும் என்ற நூலை வெளியிட்டார். இந்திய நர்சுகளுக்கான பாடப்புத்தகம் ஒன்றை 1926இல் சிதம்பர-நாத முதலியார் வெளியிட்டார். 1937இல் தமிழில் முடியுமா? என்ற தலைப்பில் டாக்டர் கிம்பாலி எழுதிய College Text Book of Physics என்ற நூலை மொழிபெயர்த்தார் இரா-சாசி. 1950 தொடக்கம் பலதுறை சார்ந்த மொழிபெயர்ப்பு நூல்கள் தொடர்ந்து வெளிவரலாயின. புற்றுநோய் (1957), சுகப்பிரசவம் (1958) என்ற இருநூல்களை எஸ்.இராம-சாமி எழுதி வெளியிட்டார். பால் பிளாக்வுட் எழுதிய நூலொன்றை ஆற்றலோ ஆற்றல் (1961) என்ற பெயரில் தி. சு.கறுப்பண்ணன் மொழிபெயர்த்தார்.

அறிவியல் மொழிபெயர்ப்புப் பணியில் ஈடுபட்டவர்களில் சிறப்பாகக் குறிப்பிடத்தக்கவர் பெ.நா.அப்புசாமி ஆவார். அவர் இருபத்தைந்து அறிவியல் நூல்களை மொழிபெயர்த்-துள்ளார். அவற்றுள் சில, இன்றைய விஞ்ஞானமும் நீங்க-ளும் (Lynn pools — Todays Science and You), அணுசக்தியின் எதிர்காலம் (Our Nuclear Future)> ராக்கெட்டும் துணைக்கோள்களும் (Rockets and Satellite)

நா.வானமாமலை 1960இல் Stephen Heynn என்பார் எழுதிய The Cosmic Age என்ற நூலை விண்யுகம் என்ற பெயரில் மொழிபெயர்த்தார். தொடர்ந்து உடலும் உள்-ளமும், உயிரின் தோற்றம், உடலியல் மருத்துவ வரலாறு

முதலான நூல்களை மொழிபெயர்த்துத் தமிழ் அறிவியல் வளர்ச்சிக்குப் பணியாற்றினார். புதின எழுத்தாளர் தி.ஜான-கிராமன் பூமி என்னும் கிரகம் என்ற தலைப்பில் George Gamow எழுதிய A Planet called Earth என்ற நூலை மொழிபெயர்த்து 1966இல் வெளியிட்டார்.

மேலும் ரஷ்யாவிலுள்ள மீர், ராதுகா பதிப்பகங்கள் நியூ-செஞ்சுரி புக் ஹவுஸ் வழியாகப் பல மொழிபெயர்ப்பு நூல்க-ளைத் தமிழுலகிற்கு 1970, 1980 களில் தொடர்ந்து தந்தன. அவற்றுள் சில வருமாறு,

1. மூளையை நம்பலாமா? அ.கதிரேசன், 1972

2. தட்ப வெப்பத்தை மனிதன் மாற்ற முடியுமா? வைத்-தீஸ்வரன், 1972

3. சுற்றுப்பாதையில் விண்வெளிக் கப்பல், கி.பரமேஸ்வ-ரன், 1980

4. விளையாட்டுக் கணிதம், ரா.கிருஷ்ணய்யா, 1981

5. அனைவருக்குமான இயற்பியல் -வெப்பம், பழனி-யாண்டி, 1984

6. குழந்தைகள் வாழ்க, இரா.பாஸ்கரன், 1987

7. மின்பாதுகாப்பின் அடிப்படைகள், எஸ்.சீனுவாசன், 1988

மேலே குறிப்பிட்ட நூல்கள் மட்டுமின்றி நியூசெஞ்சுரி புக் ஹவுஸ் நிறுவனம் தொடர்ந்து பல அறிவியல் நூல்களை மொழிபெயர்த்தும், தமிழிலேயே உருவாக்கியும் பதிப்பித்து வருகின்றது. நூற்றுக்கும் மேற்பட்ட தலைப்புகளில் அனைத்து அறிவியல் துறை நூல்களையும் தமிழில் வெளி-யிடும் நிறுவனம் என்ற பெருமை இப்பதிப்பகத்திற்கு உண்டு.

பயிற்சி மொழியான அறிவியல் தமிழ்: அறிவியல் தமிழ் வளர்ச்சிப் பாதையில் 1930 ஆம் ஆண்டை ஒரு திருப்பு முனையாகவே கருதலாம். அதுவரை தனிப்பட்ட ஆர்வம் மற்றும் முயற்சியின் காரணமாக அறிவியல் தமிழ் நூல்கள் எழுதி வெளிவந்த நிலையில் ஒரு பெரிய மாற்றம் ஏற்பட்-டது. நடுநிலைப் பள்ளி வரை இருந்த தமிழ் பயிற்சி மொழித் திட்டம் பள்ளி இறுதி வரைக்கும் நீட்டிக்கப்பட்டது இந்த

1930ஆம் ஆண்டில்தான். முதலில் கலைப் பாடங்களையும் பின்னர் அறிவியல் பாடங்களையும் தமிழில் கற்பிக்கலாயி- னர். இதனால், கலைப் பாடநூல்களும் அறிவியல் பாடநூல்- களும் பெருமளவில் எழுதிக் குவிக்கப்பட்டன. அதனைத்- தொடர்ந்து தமிழில் பொதுவான அறிவியல் நூல்கள் வெளி- வந்ததோடு பத்திரிக்கைகளில் அறிவியல் கட்டுரைகளும் அதிகளவில் எழுதப்படும் சூழ்நிலை உருவாகியது.

இதேபோல் 1960 களின் தொடக்கத்தில் கல்லூரிகளில் தமிழ்வழிப் பயிற்றல் திட்டம் நடைமுறைக்கு வந்தபோது தமிழ் அறிவியல் பாடநூல்களின் தேவை காலத்தின் தேவையாக மாற்றம் பெற்றது. தமிழ்நாட்டுப் பாடநூல் நிறு- வனம் பல தமிழ் அறிவியல் பாடநூல்களைத் தக்கவர்களைக் கொண்டு எழுதி வெளியிடலாயிற்று. வேதியியல், இயற்பி- யல், உயிரியல், கணிதம் முதலான அறிவியல் நூல்களோடு மருத்துவப் பாட நூல்களும் பொறியியல் சார்ந்த தொழில்- நுட்ப நூல்களும் வெளிவரலாயின. இந்த வரிசையில் தமி- ழில் உருவாகிய நூல்கள் மற்றும் மொழிபெயர்ப்பு நூல்கள் என்ற இரண்டு வகையான நூல்களும் இடம்பெற்றன.

தமிழ்நாட்டுப் பாடநூல் நிறுவன நூல்களின் மொழிந- டையில் வடமொழிச் செல்வாக்கு குறைந்தும் நல்ல தமிழ் சொல்லாக்கங்கள் மிகுந்தும் காணப்பட்டன. பிரகிருதி சாஸ்- திரம் இயற்பியலாகவும், இரசாயனம் வேதியலாகவும், விஞ்- ஞானம் அறிவியலாகவும் மாற்றம் பெற்றன. அன்றைய தமி- ழகத்தின் சமூக, அரசியல் இயக்கங்களின் செல்வாக்கால் இந்த மாற்றங்கள் இயல்பாக நடைபெற்றன. பாடநூல்களைத் தொடர்ந்து மாணவர்கள் மற்றும் பொதுமக்களுக்கான பொது அறிவியல் மற்றும் பாட அறிவியல் நூல்கள் மிகுந்த அளவில் உருவாகி வெளிவரத் தொடங்கின. கடந்த இருப- தாம் நூற்றாண்டில் மட்டும் தமிழில் வெளியான அறிவியல் நூல்களின் எண்ணிக்கை ஆறாயிரத்துக்கும் மேலதிகமாயி- ருக்கும் என்று மதிப்பிடுவார் இராம.சுந்தரம் (தமிழ்வளர்க்கும் அறிவியல், ப.37) தொடர்ச்சியாக, அறிவியலுக்கென்றே தனிஇதழ்களும், அறிவியல் பகுதிகள் அடங்கிய பொது

இதழ்களும் வெளிவரலாயின. இம்மாற்றங்களின் விளைவாகத் தமிழில் பொருத்தமான நல்ல தமிழ் அறிவியல் சொற்கள் பல உருவாகி அறிவியல் தமிழை வளப்படுத்தின.

தமிழில் கலைச்சொற்கள்: 1935 வரை தமிழில் எழுதப்பட்ட நூல்களாயினும் கட்டுரைகளாயினும் அவை தரமான நல்ல தமிழிலே அமைந்தவை எனக் கூறுவதற்கில்லை. கிரந்த எழுத்துக்களோடு கூடிய சமஸ்கிருதச் சொற்களும் ஆங்கிலச் கலைச்சொற்களின் ஒலிபெயர்ப்பும் அதிகளவில் கலந்து வெளிவந்தன. 1935 ஆம் ஆண்டிற்குப் பின்னர், நல்ல தமிழை, தனித் தமிழைப் பயன்படுத்த வேண்டும் எனும் வேட்கை அழுத்தமாக எழுந்தது. புதிய கலைச்சொற்களைத் தனித் தமிழில் உருவாக்கும் முயற்சிகளும் முனைப்புடன் மேற்கொள்ளப்பட்டன. தமிழில் அறிவியலைக் கூற முற்பட்ட அதே சமயத்தில், அறிவியல் கலைச்சொற்களைப் பற்றிய சிந்தனையும், இம்முயற்சியில் ஈடுபட்டோரிடையே இருந்து வந்தது.

தமிழ்க் கலைச்சொல்லாக்க முயற்சியில் குறிப்பிடத்தக்க நிகழ்வு 1932 இல் நடைபெற்றது. இவ்வாண்டில் சென்னை அரசாங்கம் கலைச்சொல் குழுவொன்றை அமைத்து அக்குழுவின் சார்பில் கலைச்சொல் பட்டியல் ஒன்றனை வெளியிட்டது. உடலியல், நலவழி, வேதியியல், வாணிபவியல், நிலவியல், வரலாறு, பொருளாதாரம், கணிதம், இயற்கை விஞ்ஞானம், இயற்பியல் பாடங்களுக்கான சுமார் 7400 சொற்கள் இப்பட்டியலில் இடம்பெற்றுள்ளன. இப்பட்டியலில் இடம்பெற்றுள்ள பெரும்பாலான கலைச்சொற்கள் சமஸ்கிருதமாகவும், ஆங்கிலமாகவும் இருந்தன. சில மிகவும் நீண்ட தொடர்வடிவிலான சொல்லாக்கமாயிருந்தன. சான்றாக: Analytical Chemistry —விபேதன ரஸாயன நூல், Census Report —குலஸ்திரீ புருஷபாலவிருத்த ஆயவ்ய பரிமாண பத்திரிக்கை. இதே கலைச்சொற்கள் 1968 இல் வெளியான மற்றொரு பட்டியலில் பகுப்பாய்வு வேதியல் என்றும் மக்கள்தொகை அறிக்கை என்றும் மொழியாக்கம் செய்யப்பட்டிருந்தன.

சென்ற நூற்றாண்டின் தொடக்கத்தில் திரவப் பதார்த்தம், திடப்பொருள், வாயு, ஆகர்ஷண சக்தி, பூகம்பம், அஸ்தி, வியாதி, வைத்திய சாஸ்திரம், நிவோஷம், கஷம்ணநாடி, பூகோளம், கிரகம் என்று வழங்கப்பட்ட கலைச்சொற்கள் அதே நூற்றாண்டின் பிற்பாதியில் முறையே நீர்மம், திண்மம், வளிமம், ஈர்ப்புச்சக்தி, நிலநடுக்கம், எலும்பு, நோய், மருத்-துவ அறிவியல், மிகை வளர்ச்சி, தண்டுவடம், புவியியல், கோள் என வழங்கப்படலாயின. தமிழில் அறிவியல் துறை மிகவேகமான வளர்ச்சி பெறுவதற்கு ஏதுவாக இயல்பான தமிழ்க் கலைச்சொல்லாக்கங்கள் உருவாகி நிலைபெற்று வருகின்றன என்பதற்கு மேலே காட்டிய பட்டியல் ஒரு சான்-றாகும்.

இருபதாம் நூற்றாண்டு அறிவியல் இதழ்கள்: இருபதாம் நூற்றாண்டின் அறிவியில் வளர்ச்சி என்பது அறிவியல் நூல்-களை மட்டும் சார்ந்தில்லாமல் அறிவியல் இதழ்களைச் சார்ந்தும் இருந்தமை கண்கூடு. இந்நூற்றாண்டில் நூற்றுக்-கணக்கான அறிவியல் இதழ்கள் அறிவியலின் துறைகள் தோறும் தோற்றம் பெற்றன. சில தளர்நடையிட்டன, சில வீறுநடை போட்டன. வீறுநடை போட்ட இருபதாம் நூற்-றாண்டுத் தமிழ் அறிவியல் இதழ்கள் சிலவற்றைக் காண்-போம்.

கலைக்கதிர்: புத்தம் புதிய அறிவியல் செய்திகளைத் தமி-ழில் கொண்டுவர வேண்டும் என்னும் உயரிய நோக்கில் டாக்டர் ஜி.ஆர். தாமோதரன் 1948 ஆம் ஆண்டில் கலைக்கதிர் என்ற திங்களிதழைத் தொடங்கினார். தொடக்-கம் முதல் 1984 ஆம் ஆண்டுவரை அறிவியல் கட்டுரை-கள் அதிகம் இடம்பெறும் பல்சுவை இதழாகவே வெளிவந்-தது இவ்வேடு. அதன்பின் மாற்றம் பல பெற்று அறிவியல் செய்திகளை மட்டும் தாங்கிவரும் முழுமையான அறிவி-யல் இதழாக வெளிவந்து கொண்டிருக்கிறது. தக்க விளக்கப் படங்களுடனும் தனித் தமிழிலும் பல்வேறு தரப்பினருக்கும் மகிழ்வ+ட்டும் முறையிலும் தொடர்ந்து வெளிவந்து கொண்-டிருக்கிறது. இக்கலைக்கதிர் அறிவியல் வளர்ச்சி மலர்,

அணுமலர் எனச் சிறப்பு மலர்களையும் வெளியிட்டு அறிவியல் வளர்ச்சிக்குத் தொண்டாற்றியுள்ளது.

பல்லாயிரம் அறிவியல் தமிழ்க் கலைச்சொற்களை உருவாக்கிய பெருமைக்குரியது கலைக்கதிர் இதழ்தான் என்பது குறிப்பிடத்தக்கது. கலைக்கதிர் அறிவியல், தொழில்நுட்பம், மருத்துவம், உயிரியல், பயிரியல், விண்ணியல், உளவியல், வேளாண்மை, மானிடவியல் முதலான பல்வேறு அறிவியல் கட்டுரைகளை அத்துறை வல்லுநர்களைக் கொண்டு எழுதச் செய்து வெளியிட்டு வருகிறது. அது கலைச் சொல்லாக்கத்தை முன்முயற்சி செய்து வெளியிட்டுத் தமிழ்ச் சொல்வளத்தைப் பெருக்கியது. 1966-ஆம் ஆண்டு நவம்பர் மாதக் கலைக்கதிர் இதழில் வந்த கட்டுரைகள் சில வருமாறு: பால்பாதையும் சூரியமண்டலமும், நீரிழிவின் வரலாறு, மண்ணில்லா வேளாண்மை, நமது உடல், விஞ்ஞானப் புதுமைகள், திரைப்படத்தில் ஒலியின் பங்கு, கடல் நீரிலிருந்து யுரேனியம் போன்ற கட்டுரைகள் தெளிவாக விளக்கப்படங்களுடனும் வண்ணப் படங்களுடனும் வெளியிடப்பட்டன. கட்டுரைகள் நல்ல தமிழ்நடையில் வாசகர்கள் விரும்பிப் படிக்கும் வகையில் இருந்தன.

இவ்விதழின் மற்றொரு சிறப்பம்சம் பல்வேறு அறிவியல் துறைகளைச் சார்ந்த அறிஞர்களை, அறிவியல் எழுத்தாளர்களாக மாற்றிய பெருமையாகும். இதற்காக மறைந்த டாக்டர் ஜி.ஆர்.தாமோதரன் அவர்கள் மெற்கொண்டிருந்த இடைவிடா முயற்சியும் இத்துறையில் கொண்டிருந்த ஆர்வப் பெருக்கமும் என்றும் போற்றத்தக்கன. கலைக்கதிர் இதழ் அறிவியல் தமிழாக்கம், தழுவல், மூலமாக எழுதுதல் ஆகிய மூவகையிலும் அறிவியல் எழுத்தாளர்கட்கு ஆக்கமான பயிற்சிக் களமாகவே கடந்த இருபத்தைந்தாண்டு காலமாக விளங்குகிறதெனலாம்.

யுனஸ்கோ கூரியர்: தமிழக அளவில் மட்டுமல்லாது, சர்வதேச அளவில் அறிவியலைத் தெளிவாகவும் சொற்செட்டோடும், பொருட் செறிவோடும் தமிழில் தரமுடியும் என்பதை ஆழமாகவும் அழுத்தமாகவும் உணர்த்தி, நிலை-

நாட்டிய பெருமை யுனெஸ்கோ கூரியர் எனும் தமிழ்த் திங்கள் இதழையே சாரும். இவ்விதழ் 34 உலக மொழிகளில் வெளிவருகிறது. இந்தியாவில் தமிழிலும் இந்தி மொழியிலும் மட்டும் வெளிவரும் இவ்விதழ் 1967 ஜூலை முதல் தமிழில் வெளிவந்து கொண்டிருக்கிறது.

இது கல்வி, விஞ்ஞான, பண்பாட்டு இதழாக அமைந்திருந்தபோதிலும், மிக அதிக அளவில் இதில் இடம்பெறுவன அறிவியல் கட்டுரைகளேயாகும். இவ்விதழில் இடம்பெறும் அறிவியல் கட்டுரைகள் தற்கால அறிவியல் துறைகள் பலவற்றிலும் ஏற்பட்டுள்ள தற்போதைய முன்னேற்றங்களும் புதிய கண்டுபிடிப்புகளும் அவ்வத் துறை சார்ந்த உலகப் புகழ்பெற்ற வல்லுநர்களைக் கொண்டு எழுதப்படுகின்றன. அவைகள் தமிழில் உடனுக்குடன் மொழிபெயர்க்கப்பட்டு மேனாட்டு இதழ்களுக்கு இணையாக ஆங்கில இதழ் வெளியாகும் அதே சமயத்தில் தமிழிலும் வெளியிடப்படுகின்றன. இத்தகு அரிய வாய்ப்பைப் பெற்ற ஒரே தமிழ் இதழ் இதுவேயாகும். இவ்விதழில் வெளிவரும் கட்டுரைகள் முழுவதும் மொழிபெயர்ப்புகளாகவே வெளியிடப்படுகின்றன. ஆங்கிலக் கட்டுரையின் அளவிலேயே தமிழ் மொழிப்பெயர்ப்புக் கட்டுரையும் அமைய வேண்டுவது தவிர்க்க முடியாததாயினும் மொழிபெயர்ப்பு என்ற உணர்வே வாசகர்கட்கு ஏற்படா வண்ணம், மூலமாகத் தமிழில் எழுதப்பட்ட கட்டுரை போன்று தர வேண்டியுள்ளதால் புதிய உத்திகளைக் கையாண்டு அறிவியல் கட்டுரைகள் தமிழாக்கம் செய்யப்படுகின்றன. இவ்வாறு புதிய புதிய மொழிபெயர்ப்பு உத்திகளைக் கண்டறிந்து செயல்படுத்த ஏற்ற களமாகத் தமிழில் இவ்விதழ் அமைந்துள்ளதெனலாம்.

கூரியர் இதழ் வாயிலாகத் தமிழுக்கு நாள்தோறும் ஏற்பட்டு வரும் ஆக்கம் புதிய புதிய கலைச்சொற்களின் தோற்றமாகும். பெரும்பாலும் ஒலிபெயர்ப்போ அன்றி சமஸ்கிருதச் சொற்களோ அல்லாது, தனித் தமிழில் கலைச்சொல்லாக்கம் இதழ்தோறும் செய்யப்படுகின்றன. இவ்வகையில் கடந்த இருபதாண்டுகளில் ஐம்பதினாயிரத்திற்கும் மேற்பட்ட

கலைச்சொற்கள் கூரியர் இதழுக்கென உருவாக்கப்பட்-
டுள்ளன என்ற செய்தி தமிழின் தனித்திறனை உலகுக்கு-
ணர்த்துவதாக உள்ளது.

துளிர் அறிவியல் சிறுவர் இதழ்: கடந்த இருபத்தைந்து
ஆண்டுகளாகச் சிறுவர்களுக்கென்றே சிறப்பாக வெளிவந்து
கொண்டிருக்கும் ஒரே அறிவியல் மாத இதழ் துளிர் ஆகும்.
தமிழ்நாடு அறிவியல் இயக்கமும், புதுவை அறிவியல்
இயக்கமும் இணைந்து 1987 ஆம் ஆண்டு நவம்பர் 14
குழந்தைகள் தினத்தன்று முதல் துளிர் இதழை வெளி-
யிட்டன. சிறுவர்களின் உள்ளத்தில் அறிவியல் உணர்வை
ஊட்ட வேண்டும் என்ற இலட்சியத்துடன் இவ்விதழ்
தொடங்கப்பட்டது. அறிவியல் செய்திகளைத் தொகுத்துத்
தருவதோடு யுரேகா, அறிவியல் கேள்வி பதில் போன்ற பகு-
திகளைச் சிறுவர் முதல் பெரியோர் வரை படித்து இன்புறும்
வண்ணம் வெளியிட்டு வருகின்றது.

அறிவியல் மாத இதழ் என்றால் வெறும் இயற்பியல்,
வேதியியல், உயிரியல், மருத்துவஇயல், வானவியல் தொடர்-
பான கட்டுரைகள் மட்டும் வெளியிடுவது என்றில்லாமல்
புவியியல், சுற்றுச்சூழலியல் என்று பலதரப்பட்ட பொருள்க-
ளில் துளிரில் படைப்புகள் வெளிவருகின்றன. பெரும்பாலும்
நடுநிலைப் பள்ளியில் பயிலும் மாணவ மாணவியர் (6,7,8
வகுப்பு மாணவ மாணவியர்) புரிந்து கொள்ளும் இதழாகவே
துளிர் தயாரிக்கப் படுகிறது. படிப்பவர்கள் மத்தியில் அறிவி-
யல் மனப்பான்மையை வளர்த்தெடுப்பது துளிரின் முக்கியப்
பணி. அறிவியலுக்குப் புறம்பான வி~யங்கள், மூடநம்பிக்-
கைகள் இவற்றைச் சாடும் பணியையும் துளிர் செய்து வரு-
கிறது. பாடப்புத்தகத் தன்மையற்ற படைப்புகளை வெளியி-
டுவதில் துளிர் அதிகக் கவனம் செலுத்துகிறது. குழந்தைகள்
அறிவியலைத் தங்கள் சூழலோடு ஒன்றிப் பார்த்துப் புரிந்து
கொள்ளவும், அவர்களே அறிவியலைச் செய்து பார்த்துக்
கற்றுக் கொள்ளவும் துளிர் ஊன்றுகோலாக இருந்து செயல்-
படுகிறது. கதை, கட்டுரை, படக்கதை, துணுக்கு, கேள்வி
பதில், பேட்டி, புதிர், படங்கள், பயிற்சி, விளக்கப்படம், பரி-

சோதனைகள் ஆகிய வடிவங்களில் துளிரில் படைப்புகள் வெளிவருகின்றன.

மேலே குறிப்பிடப்பட்டுள்ள இதழ்கள் மட்டுமன்றி நூற்-றுக்கான தமிழ் இதழ்கள் அறிவியல் வளர்ச்சிக்குத் தம் பங்-குப் பணியை ஆற்றிவருகின்றன. அவற்றுள், அறிவியல் கட்டுரைகளை அவ்வவ்போது வெளியிடும் இதழாகத் தின-மணி இதழ் விளங்குகிறது. எளிய தமிழில் அறிவியல் கட்டுரைகளை, மொழிபெயர்ப்பாகவும் மூலமாகவும் எழுதி வெளியிடுவதோடு, அறிவியல் தமிழ் வளர்ச்சிக்குத் தடை-யாகவுள்ள பல்வேறு பிரச்சினைகளை அவ்வத்துறை வல்லு-நர்களைக் கொண்டே விவாதிக்கும் இதழாகவும் அவ்விதழ் அமைந்து வருகிறது. மற்றும் குன்றக்குடி அடிகளாரின் முயற்சியினால் வெளிவந்து கொண்டிருக்கும் அறிக அறிவி-யல் இதழும் இளம் விஞ்ஞானி இதழும் அறிவியலைத் தமி-ழில் சொல்லும் முயற்சிக்கு ஆக்கமும் ஊக்கமும் அளித்து வருகின்றன.

சைவசித்தாந்த நூற்பதிப்புக் கழக வெளியீடான செந்த-மிழ்ச் செல்வி, இலக்கிய இதழ்தான் ஆயினும் இவ்விதழில் அவ்வப்போது அறிவியல் கட்டுரைகள் வெளிவந்துள்ளன. தமிழறிஞர் பா.வே.மாணிக்க நாயக்கரின் அறிவியல் பூர்-வமான ஆங்கிலக் கட்டுரைகள், க. ப.சந்தோஷம் என்ப-வரால் தொடர்ந்து சீராக மொழி பெயர்க்கப்பட்டுச் செந்-தமிழ்ச் செல்வியில் வெளிவந்தன. ஆனந்தவிகடன் இதழ் பொதுமக்களுக்குரிய பொழுதுபோக்கு இதழ்தான் என்றாலும் மருத்துவம் தொடர்பான ஆறிலிருந்து அறுபது வரை, உச்சி முதல் உள்ளங்கால் வரை என நம் உடற்கூறு தொடர்பான கட்டுரைகளைத் தொடர்ந்து வெளியிட்டு வருகிறது.

இளைய தலைமுறையினர் அறிவியற் கருத்துகளைத் தெளிவாக அறிந்து கொள்ளும் வகையில் இன்று வாய்ப்பு-கள் பெருகிவிட்டன. இன்று அறிவியலின் தேவை மிகுந்து-விட்டது. அதற்கு ஏற்ப அறிவியல் செய்திகளை மக்களுக்கு அறிவிக்க வேண்டிய பொறுப்பு இதழ்களுக்கு நிறையவே உண்டு. எனவே அறிவியல் செய்திகள் அடங்கிய சில பக்-

கங்களையேனும் இப்போது நாளிதழ்கள் வெளியிட்டு வரு-
கின்றன. இன்று வெளிவந்து கொண்டிருக்கும் தினத்தந்தி,
தினமலர், தினமணி போன்ற நாளிதழ்களில் அவ்வப்போது
அறிவியல் தொடர்பான கட்டுரைகள் வெளிவருகின்றன.
நம் இந்திய நாட்டின் விண்வெளிக் கூடங்கள் விண்ணில்
செலுத்தும் செயற்கைக்கோள்கள் பற்றியும், வேளாண்மை
வளர்ச்சி குறித்தும், சுற்றுச்சூழல் குறித்தும், நீர்மேலாண்மை,
எய்ட்ஸ் நோய், உடல் நலம், மகப்பேறு ஆகியன பற்றியும்
கட்டுரைகளை வெளியிட்டு அறிவியல் பார்வையை மக்க-
ளிடம் வளர்த்து வருகின்றமை போற்றத்தக்கதாகும்.

அன்றாடம் நாம் பயன்படுத்துகின்ற மின்னணுச் சாதனங்-
கள் பற்றியும், காற்றாலைகள் குறித்தும் வெளிவரும் அறி-
வியல் கட்டுரைகள் அரிய தகவல்களைத் தருகின்றன.
தினமலர் ஞாயிறு இதழில் மதுரை அப்பொல்லோ மருத்து-
வமனையின் சார்பில் சர்க்கரை நோய், இதயக் கோளாறு,
எலும்பு முறிவு போன்ற நோய்களின் தன்மைகளை எடுத்-
துக்கூறி அவற்றைத் தடுப்பது பற்றியும் அவற்றிலிருந்து
மீள்வதற்கான சிகிச்சை முறைகள் பற்றியும் கட்டுரைகள்
தொடர்ந்து வெளிவந்தன. தினமணி நாளிதழில் மூட்டுவலி
தொடர்பான மருத்துவம் குறித்த கட்டுரை முழுப்பக்க
அளவில் வந்தமை இங்கே சுட்டிக்காட்டுவதற்கு உரியது.
தினமணியின் தலையங்கப் பக்கத்தில் அவ்வப்போது அறி-
வியல் வல்லுநர்கள் எழுதும் அறிவியல் சிறப்புக்கட்டுரைகள்
வெளியிடப்படுகின்றன.

அறிவியல் தமிழ் வளர்ச்சியில் பல்கலைக் கழகங்கள்:
அறிவியல் தமிழ் வளர்ச்சியில் அண்ணாமலைப் பல்கலைக்-
கழகம் 1938 ஆம் ஆண்டிலேயே தொடக்க முயற்சிகளை
மேற்கொண்டது. கல்லூரி நிலையில் தமிழில் அறிவியலைப்
போதிக்கும் வகையில் வேதியியல் (Chemistry) நூல்க-
ளின் இரு தொகுதிகளைத் தமிழில் தயாரித்து வெளியிட்டது.
அவ்வாறே 1941 ஆம் ஆண்டில் இயற்பியல் (Physics)
நூலின் இரு தொகுதிகளையும், 1942 ஆம் ஆண்டில் உயி-
ரியில் (Biology) நூலையும் தமிழில் வெளியிட்டது. இவை

ஐந்தும் நல்ல தமிழில் வெளிவந்த தரமான வெளியீடுகளா-
கும்.

செ ன்னைப் பல்கலைக்கழகம் அறிவியல் நூலை எழுதும்
ஆசிரியர்களை ஊக்குவிக்கும் வகையில் 1938இல் அப்-
போதைய சென்னை இராஜதானிக்கான பரிசுத் திட்டத்தை
அறிவித்து, தமிழ் மொழியில் மட்டுமல்லாது தென்னக
மொழிகளான தமிழ், தெலுங்கு, மலையாள, கன்னட
மொழிகளில் வெளியிடும் சிறந்த அறிவியல் நூல்களுக்குப்
பரிசளித்து ஊக்குவிக்கும் திட்டத்தை மேற்கொண்டது.
இதனால் அறிவியலைத் தமிழில் தரவிழையும் எழுத்தாளர்-
களுக்குப் புதிய உற்சாகம் ஏற்பட வழியேற்பட்டது. ஈ.த.
ராஜேஸ்வரி போன்ற அறிவியல் எழுத்தாளர்கள் அறிவியல்
நூல்களை எழுதிப் பரிசு பெற இயன்றது.

அறிவியல் தமிழ் வளர்ச்சிக்குத் தஞ்சைத் தமிழ்ப் பல்-
கலைக்கழகம் பல்வேறு வழிகளில் திட்டமிட்டுப் பணியாற்றி
வருகிறது. ஒரு புறத்திலே கலைச்சொற்களின் தொகுப்புப்
பணியை மேற்கொள்கிறது. மறுபுறத்திலே அக்கலைச்சொற்க-
ளைப் பயன்படுத்தி அறிவியல் நூல்களை எழுதுமாறு அவ்-
வத்துறை வல்லுநர்களைத் தேர்வு செய்து, அப்பணியை
ஒப்படைக்கிறது. இதனால், அறிவியல் தமிழ் நூல்கள் பெரு-
மளவில் வெளிப்பட வாய்ப்பேற்படுகிறது. இந்நூல்கள் கல்-
லூரி மட்டத்தில் தமிழைப் பயிற்சி மொழியாகக் கொண்ட
மாணவர்கட்குப் பயன்படுவதைக் காட்டிலும் அவ்வத்துறை
அறிஞர்கட்குத் தக்க ஆதார நூல்களாக (Source Books)
இவை அமைகின்றன எனலாம். இன்றைய நிலையில் அறி-
வியலைப் பொறுத்தவரையில் தமிழில் ஒவ்வொரு துறைக்கும்
நிறைய ஆதார நூல்கள் தேவைப்படுகின்றன. இத்தே-
வையை நிறைவு செய்யும் வகையில் தஞ்சைத் தமிழ்ப் பல்க-
லைக்கழகத்தின் தமிழ் அறிவியல் நூற்பணி அமைந்து வரு-
கிறது. அறிவியல் கலைக் களஞ்சியங்களைத் தொகுத்து
வெளியிடும் பணியில் தமிழ்ப் பல்கலைக் கழகம் பெருவெற்றி
பெற்றுள்ளது. அத்துடன், அறிவியல் தமிழ் வளர்ச்சிக்கான
பல்வேறு சிக்கல்களை அறிவியல் தமிழ் அறிஞர்கள், வல்-

லுநர்களைக் கொண்ட கருத்தரங்குகள் மூலமாக அடிக்கடி விவாதித்து ஆக்கப+ர்வமான முடிவுகளைப் பெறவும் வழிய-மைத்து வருகிறது.

மதுரைக் காமராசர் பல்கலைக் கழகமும் அண்ணா பல்-கலைக்கழகமும் அறிவியல் தமிழ் வளர்ச்சிக்கான ஆக்க வழிகளைக் காணுவதில் பெரும் பங்காற்றி வருகின்றன. அண்ணா பல்கலைக் கழக வளர்தமிழ் மன்றம் வாயிலாக வெளியிடப்பட்டுவரும் களஞ்சியம் முத்திங்கள் இதழ், அறி-வியல் தமிழ் வளர்ச்சிக்கான சிக்கல்களை, துறைவல்லுநர்க-ளைக் கொண்டும் தமிழறிஞர்களைக் கொண்டும் விவாதித்-துத் தீர்வு காணும் வழியாயமைந்து வருகிறது. நல்ல தமிழில் அறிவியல் -தொழில்நுட்பக் கட்டுரைகளை எவ்வாறு எழுத-லாம் என்பதற்கு முன்னோடியாகத் தமிழில் அறிவியல் கட்-டுரைகளை இதழ்தோறும் படைத்து வெளியிட்டு வருகிறது. (மணவை முஸ்தபா, காலம் தேடும் தமிழ், பக். 52-53)

இப்பல்கலைக் கழகங்கள் மட்டுமன்றித் தமிழகத்தில் பல்-வேறு அறிவியல் அமைப்புகள் முனைப்புடன் செயல்பட்டு அறிவியல் தமிழின் வளர்ச்சிக்கு ஆக்கமும் ஊக்கமும் அளித்துவருகின்றன. அவற்றுள் குறிப்பிடத் தக்கனவாகப் பின்வரும் அமைப்புகளைக் குறிப்பிடலாம்.

1. தமிழ்நாடு அறிவியல் இயக்கம் (சென்னை, புதுச்சேரி)
2. சுதேசி அறிவியல் இயக்கம் (குன்றக்குடி)
3. மக்கள் அறிவியல் இயக்கம் (கோவை)
4. அனைத்திந்திய அறிவியல் தமிழ்க் கழகம் (தஞ்சா-வூர்)
5. தமிழக அறிவியல் பேரவை (காரைக்குடி)
6. வளர்தமிழ் மன்றம் (அண்ணா பல்கலைக் கழகம்)

மேற்சொன்ன அறிவியல் இயக்கங்கள் ஒவ்வொன்றும் அறிவியல் தமிழ்வளர்ச்சிக்கு அவ்வப்போது கருத்தரங்குகள், மாநாடுகள் முதலானவற்றை நடத்தி அதில் வாசித்து விவா-திக்கப்படும் கட்டுரைகளை ஆய்வுத் தொகுதிகளாக வெளி-யிட்டு வருகின்றன. அவற்றுள் சிறப்பாகக் குறிப்பிடத்தக்க இயக்கம் அனைத்திந்திய அறிவியல் தமிழ்க் கழகமாகும்.

1987இல் தொடங்கப்பட்ட இக்கழகம் இதுவரை பதினாறு கருத்தரங்குகளை நடத்தியுள்ளது. கருத்தரங்கின் மையப் பொருளாகப் பொதுஅறிவியல், பொறியியல், மருத்துவம், சுற்றுச்சூழல், வேளாண்மை, கலைச்சொல்லாக்கம் முதலானவை அமையும். கருத்தரங்கில் வாசிக்கப்படும் அனைத்துக் கட்டுரைகளையும் நூலாக்கி வளர் தமிழில் அறிவியல் என்ற பெயரில் நூலாக்கி வெளியிட்டு வருகிறது இக்கழகம். இதுவரை இருபத்து மூன்று தொகுதிகள் வெளியாகியுள்ளன. இவற்றுள் 1500க்கும் மேற்பட்ட கட்டுரைகள் இடம்பெற்று அறிவியல் தமிழுக்கு வளம் சேர்த்துள்ளன. பண்டைய தொழில்நுட்ப அறிவியல் முதல் இன்றைய தொழில்நுட்ப அறிவியல் வரையிலான ஒரு தொடர்ச்சியான வரலாற்று அறிவை இக்கருத்தரங்குகள் வழங்குகின்றன. நுட்பமான அறிவியல் செய்திகளைக் கூடத் தமிழில் எளிமையாகக் கூறமுடியும் என்பதற்கு இக்கருத்தரங்குகள் சான்றாக அமைகின்றன. சில கட்டுரைகள் அறிவியல் தமிழின் அமைப்பு பற்றியும் கலைச்சொற்கள் பற்றியும் மொழியியல் பார்வையில் வெளிப்படுத்தின. அறிவியல் தமிழின் வளர்ச்சிக்கு அனைத்திந்திய அறிவியல் தமிழ்க் கழகத்தின் பணி அளப்பரியது.

தமிழ் அறிவியல் வளர்ச்சியில் பதிப்பகங்களின் பங்கு: 1954-இல் தொடங்கப்பட்ட தென்மொழிகள் புத்தக நிறுவனம் நூற்றுக்கும் மேற்பட்ட பிறமொழி அறிவியல் நூல்களைத் தமிழில் மொழிபெயர்த்து வெளியிட்டுள்ளது. மொழிபெயர்ப்பு நூல்கள் மட்டுமன்றி, தமிழாக்கமாகவும் பல அறிவியல் நூல்களை இந்நிறுவனம் வெளியிட்டுள்ளது. சராசரிக் கல்வி கற்றவரும் ஆர்வத்துடன் வாசிக்குமாறு எளிய நடையில் விளக்கப் படங்களுடன் வெளியான மொழிபெயர்ப்பு நூல்கள் தரமானவையாக உள்ளன. பற்றவைப்பு முதல் மருந்தியல் ஈறாக அனைத்து அறிவியல் துறை நூல்களையும் வெளியிட்ட பெருமை இந்நிறுவனத்திற்குண்டு. இந்திய அரசாங்கத்தின் தேசியப் புத்தக நிறுவனம் பல அறிவியல் நூல்களைத் தமிழாக்கம் செய்து வெளியிட்டுள்ளது. கல்லூரி

மாணவ மாணவியர் தமிழின் வழியாக உயர்கல்வி பயி-
லுவதற்காக, தமிழ்நாடு அரசினால் 1962-இல் தமிழ்நூல்
வெளியீட்டுக் கழகம் தொடங்கப்பட்டது. இந்நிறுவனம் முப்-
பத்தைந்து அறிவியல் நூல்களைத் தமிழாக்கி வெளியிட்-
டுள்ளது. இவ்வமைப்பு, பின்னர் தமிழ்நாட்டுப் பாடநூல்
நிறுவனம் என்று பெயர் மாற்றம் செய்யப்பட்டது. இந்-
நிறுவனத்தின் சார்பில் வெளியிடப்பட்ட 450 அறிவியல்
நூல்களில், பல தழுவல்களாகவும், மொழிபெயர்ப்புகளாகவும்
விளங்கின.

திருநெல்வேலி தென்னிந்திய சைவ சித்தாந்த நூற்பதிப்புக்
கழகம், நியூ செஞ்சுரி புக்ஹவுஸ், மீரா பப்ளிகேஷன்ஸ்,
ஸ்டார் பிரசுரம், வானதி பதிப்பகம், கலைமகள் பதிப்பகம்
போன்றவை தமிழில் அறிவியல் மொழிபெயர்ப்பு நூல்களைப்
பதிப்பித்த முக்கியமான பதிப்பகங்கள் ஆகும்.

தமிழில் கணிப்பொறி அறிவியல்: தமிழில் கணிப்பொறி
அறிவியலைத் எழுதும் முயற்சி சென்ற நூற்றாண்டின் எண்-
பதுகளிலேயே தொடங்கிவிட்டது எனலாம். மணவை முஸ்-
தபா, சுஜாதா போன்ற எழுத்தாளர்கள் கணிப்பொறி விந்-
தைகளைக் கதைகளில் எழுதியது மட்டுமின்றிக் கணிப்பொறி
அறிவியல் குறித்துப் பொதுமக்களுக்கான நூல்களையும்
எழுதியுள்ளனர். சுஜாதா கணித்தமிழ்ச் சொல்லாக்க முயற்-
சியாக ஆயிரம் கணிப்பொறி வார்த்தைகள் என்னும் நூலை
வெளியிட்டார். பத்திரிக்கைகளிலும் பொதுவான கணிப்பொ-
றிச் செய்திகளை அவ்வப்போது எழுதிவந்தார். யுனெஸ்கோ-
வின் கூரியர் தமிழ்ப் பதிப்பில் அதன் ஆசிரியர் மணவை
முஸ்தபா அவர்கள் தொடக்கக் காலந்தொட்டே கணிப்பொறி
தொடர்பான கட்டுரைகளைத் தமிழாக்கம் செய்து வெளியிட்-
டுள்ளார்கள்.

1993-ஆம் ஆண்டில் தினமலர் செய்தித்தாளின் வியா-
ழன் இணைப்பான வேலைவாய்ப்புக் கல்வி மலரில் கற்போம்
கம்ப்யூட்டர் என்னும் தலைப்பில் தொடர்கட்டுரைகளை
வெளியிட்டனர். கணிப்பொறித் துறையில் பயனாளருக்கு
உதவும் பாட விளக்கமாக முதன்முதலில் தமிழில் எடுக்கப்-

பட்ட முயற்சி அத்தொடர் எனலாம். கணிப்பொறி அறிவியலைக் கற்கும் ஆர்வலர்களிடையே குறிப்பாக கிராமப்புற மாணவர்களிடையே அத்தொடர் பெரும் வரவேற்பைப் பெற்றது. அதைத் தொடர்ந்து குமுதம் வார இதழ் படித்தவர்க்கும் பாமரர்க்கும் கணிப்பொறி என்னும் தொடரை வெளியிட்டது. கணிப்பொறி அறிவியலின் அனைத்துத் துறைகளையும் தொட்டுக் காடடுவதாய் அத்தொடர் அமைந்தது.

பல்வேறு வார மாத இதழ்களும் அவ்வப்போது கணிப்பொறி பற்றிச் செய்திகளை, கட்டுரைகளை வெளியிட்டு வந்தன. 1994 நவம்பரில் வளர்தமிழ் பதிப்பகம், தமிழ் கம்ப்யூட்டர் என்னும் கணிப்பொறி இதழைத் தமிழில் வெளியிட்டது. கணிப்பொறித் துறைக்கென்றே தமிழில் வெளியான முதல் இதழ் என்பது மட்டுமன்று, இந்திய மொழிகளிலேயே கணிப்பொறிக்கெனத் தனித்த இதழ் வெளியிட்ட முதல்மொழி தமிழ் என்ற பெருமையும் அவ்விதழ் மூலம் கிடைத்தது எனலாம். கணிப்பொறி அறிவியல் பற்றிய பொதுவான கட்டுரைகள், குறிப்பிட்ட கணிப்பொறி இயக்க முறைமைகள் (Operating Systems), கணிப்பொறி மொழிகள் (Computer Languages), பயன்பாட்டுத் தொகுப்புகள் (Application Packages) பற்றிய கட்டுரைத் தொடர்களும் வெளியிடப் படுகின்றன. கணிப்பொறியில் பணியாற்றுவோர்க்கு ஏற்படும் சிக்கல்கள், ஐயங்கள், கேள்வி-பதில் பகுதியில் தீர்த்து வைக்கப்படுகின்றன.

'தமிழ் கம்ப்யூட்டர்' இதழைத் தொடர்ந்து கம்ப்யூட்டர் நேரம் என்னும் இதழ் வெளியிடப்பட்டது. 1998 நவம்பர் முதல் கம்ப்யூட்டர் உலகம் என்னும் இதழ் வெளியிடப்படுகிறது. 1999 அக்டோபர் முதல் இணையத்திற்கென்றே ஒரு தனி இதழ் இன்டர்நெட் உலகம் என்ற பெயரில் வெளியிடப்படுகிறது. எத்தனையோ இந்திய மொழிகளில் கணிப்பொறி அறிவியலுக்கெனத் தனித்த இதழ்களே இல்லாத சூழலில் இணையத்திற்கெனத் தனித்த இதழ் தமிழில் வெளிவருவது குறிப்பிடத்தக்க செய்தியாகும்.

பிப்ரவரி 2000 முதல் கணிமொழி என்னும் ஒரு மாத இதழ் வெளிவருகிறது. கணிப்பொறி, இணையம், மற்றும் பல்லூடகத் தொழில்நுட்பம் பற்றிய செய்திகளை ஜனரஞ்சக நடையில் தருகின்றனர். ஒரு தொழில்நுட்பம் சார்ந்த இதழை ஒரு தொழில் நுட்பப் பத்திரிக்கையாக இல்லாமல், சமுதா-யத்தின் அனைத்துத் தரப்பினரும் படிக்கக்கூடிய வெகுஜனப் பத்திரிகையாக வழங்கி வருகின்றனர்.

கணிப்பொறி அறிவியலின் அனைத்துப் பிரிவுகள் பற்-றியும் மேற்கண்ட இதழ்களில் கட்டுரைகள் வெளியிடப்-படுகின்றன. சாதாரணமாகக் கணிப்பொறியின் செயல்பாடு தொடங்கி, செயற்கை நுண்ணறிவு (Artificial Intelligence) மீத்திறன் கணிப்பொறித் தொழில்நுட்பம் (Super Computer Technology) வரையிலான அதிந-வீன கணிப்பொறி அறிவியல் முன்னேற்றங்கள் பற்றிய கட்-டுரைகள் உடனுக்குடன் வெளியிடப்படுகின்றன. மேற்கூறப்-பட்ட ஐந்து இதழ்களுமே கணித்தமிழ்ச் சொல்லாக்கத்தைக் கருத்தில்கொண்டு கட்டுரைகளைக் கவனமாகத் தொகுத்து வெளியிடவில்லை என்ற போதிலும், மறைமுகமாகவேனும் கணித்தமிழ்ச் சொல்லாக்கத்திற்கு அவை பங்களிப்புச் செய்-துள்ளன என்பதை மறுப்பதற்கில்லை.

9. வீட்டிற்குள்ளே சூழல் பாதுகாப்பு

சுற்றுப்புற சூழலில் மாசுபாடு என்றதுமே நாம் பொதுவாக வெளி உலகத்தை மட்டுமே கருத்தில் கொண்டு புரிந்து கொள்கிறோம். அதாவது நமது வீட்டிற்கு வெளியே உள்ள இடம், நமது தெரு, நமது ஊர் என்று. ஆனால் சுற்றுச்சூழல் என்பது நாம் வசிக்கின்ற வீட்டுக்குள்ளேயும் இருக்கிறது. அதில் மாசுக்குறைவு ஏற்பட்டால் விபரீத விளைவுகள் உண்-டாகும் என்பதையும் கவனத்தில் கொள்ளவேண்டும். இந்த உணர்வு ஏற்படாத காரணத்தினால் வீட்டுக்குள்ளே இருக்-கின்ற காற்று மாசுபட்டு அதனால் பலவிதமான நோய்த் தொல்லைகள் ஏற்படுகின்றன.

வீட்டுக்குள்ளே இருக்கின்ற காற்று மாசடைந்தால் கண் எரிச்சல், மூச்சு விடுவதில் சிரமம், உடலில் எரிச்சல், மயக்-கம், வாந்தி, கண்பஞ்சடைதல் போன்றவை ஏற்படும். கட்டை, கரி, மண்ணெண்ணெய் ஆகியவற்றை சமைய-லுக்குப் பயன்படுத்துகின்ற கிராமத்து மக்கள் காற்று மாசு-பாடு குறித்து அறிந்து கொள்ளவேண்டும். புகையும், கரியும் வெளியே செல்ல போதுமான ஜன்னல் வசதிகள் வீட்டில் இருக்க வேண்டும். இல்லை என்றால் அடுப்பில் இருந்து வெளிப்படும் புகை மூச்சடைப்பு, இருமல், கண் எரிச்சல் போன்றவற்றை ஏற்படுத்தும். நாளடைவில் ஆஸ்துமா, நுரையீரல் நோய்கள் ஆகியவை தோன்றும். எனவே இந்த விஷயத்தை அலட்சியப்படுத்தாமல், போதுமான பாதுகாப்பு ஏற்பாடுகளை செய்து கொள்வது அவசியம்.

நாம் வீட்டிற்குள்ளே இருக்கும் போது மிகவும் சுகமாக இருக்கிறோம், பாதுகாப்பாக இருக்கிறோம் என்ற உணர்வில் சிறிய மாறுதல்களை கவனிக்காமல் இருப்பது வழக்கம். ஆனால் முன்னெச்சரிக்கையோடு சில மாறுதல்களை கவனிக்க நாம் பழகிக் கொள்ள வேண்டும். இதன் மூலமாக பெரிய ஆபத்துக்களை தடுக்க முடியும். உதாரணமாக வீட்-டிற்குள்ளே நாம் சுவாசிக்கும் காற்று அசுத்தம் அடைந்து உடலுக்கு தீங்கு விளைவிப்பதை உடனுக்குடன் அறிந்து கொள்ள சில எச்சரிக்கைகள் தேவை.

அவையாவன

1. வழக்கத்திற்கு மாறான, குறிப்பிடத்தக்க நாற்றம்

2. அழுகிய வாடை, அல்லது காற்றின் அடர்த்தி

3. காற்றின் சுற்றோட்டக்குறைவு

4. பழுதுபட்ட குளிர்பதனப் பெட்டி, குளிர்சாதன இயந்திரங்-களின் இயக்கம்.

5. புகைபோக்கியில் ஓட்டை பெட்ரோல், டீசலை எரிக்கும் போது போதுமான அளவிற்கு காற்றோட்டம் இருந்து புகை வெளியே செல்லுகிறதா என்பதை கவனிப்பது.

6. வீட்டிற்குள்ளே இருக்கின்ற காற்றில் அதிக அளவு ஈரப்-

பதம்

7. வெளிச்சமோ அல்லது காற்றோ வராமல் கட்டப்பட்ட வீடுகள்

8. வீட்டில் எங்காவது பூஞ்சைக்காளான் மற்றும் ஸ்போர்கள் இருப்பது

9. புதுப்பிக்கப்பட்ட வீட்டிற்கோ அல்லது புதிய வீட்டிற்கோ சென்ற உடன் உடலில் ஏற்படும் மாறுதல்கள்.

10. வீட்டு உபயோகப் பொருட்களுக்கு புதிய வண்ணம் பூசிய உடன் அடிக்கடி ஏற்படும் தும்மல், கண் எரிச்சல்.

11. வீட்டிற்குள்ளே இருப்பதை விட வெளியே இருக்கும் போது உடல் ஆரோக்கியமாக இருத்தல்

இவற்றை சரியாக கவனிப்பதன் மூலமாக வீட்டிற்குள்ளே உண்டாகும் காற்றுமாசை கட்டுப்படுத்தவும், நமக்கு நோய் வராமல் தடுக்கவும் முடியும். நம்மைச் சுற்றியுள்ள இயற்-கைச்சூழல் நமக்கு பலவிதமான நன்மைகளைச் செய்து வருகிறது. மரங்களும், செடிகொடிகளும் நாம் வெளிவிடும் ஏராளமான கரியமில வாயுவை கிரகித்துக்கொண்டு, பிரா-ணவாயுவை வெளியிடுகின்றன. இதன் காரணமாக நம்மைச் சுற்றி உள்ள காற்று மண்டலத்தில் கரியமிலவாயுவின் அளவு பெருகுவது தடைசெய்யப்படுகிறது. சராசரி வெப்ப நிலை உயர்வு, சூழல் வெப்பநிலை உயர்வு போன்ற விரும்பத்தகாத விளைவுகள் ஏற்படுவது தாவரங்களின் சேவையினால் தடுத்து நிறுத்தப்படுகிறது.

சூரியனில் இருந்து வெளிப்படும் புறஊதாக் கதிர்கள் நமக்கு புற்றுநோயை ஏற்படுத்தும். இவ்வாறு நடக்காமல் காற்றுவெ-ளியில் உள்ள ஓசோன் படலம் ஒரு கவசமாக இருந்து, புற-ஊதாக் கதிர்களை வடிகட்டி பூமிக்கு அனுப்பி வைக்கிறது. மண்புழுக்கள், சாணவண்டுகள், இன்னும் பெயர் தெரியாத நூற்றுக் கணக்கான உயிரினங்கள் மண்ணில் உள்ள கழி-வுப்பொருட்களை உரமாக மாற்றுகின்றன. இதன் காரணமாக விவசாய நிலத்தின் சத்துக்கள் அதிகமாகின்றன. உற்பத்தி பெருகுகிறது.

பறவைகள், விலங்குகள், வண்டுகள், பூச்சிகள் ஆகிய உயி-
ரினங்களைக் கொண்ட ஆரோக்கியமான சூழல், மனித
வாழ்க்கைக்கு மிகவும் அவசியம். தாவரங்களில் மகரந்த
சேர்க்கை ஏற்பட வண்டுகளும், பூச்சிகளும் உதவுகின்றன.
பயிர்களை நாசம் செய்யும் வெட்டுக்கிளி, போன்ற பூச்சி-
களை அழிக்க பறவைகள் பயன்படுகின்றன.

எரிபொருட்கள், கடல் உணவு, காட்டு விலங்குகள், கயி-
றுகள், ஆகியவற்றை காடுகள் மற்றும் கடல்கள் நமக்கு
அளிக்கின்றன. இவை மட்டும் அல்லாமல், இயற்கையாக
ஏற்படும் கழிவுகள், மனிதனால் ஏற்படும் குப்பைகள், கழி-
வுகள் ஆகியவற்றை அழிப்பதிலும் இயற்கை பெரும்பங்கு
ஆற்றுகிறது. இவைகளை மனதில் கொண்டு நாம் சுற்றுச்-
சூழல் மாசுபடுவதை எல்லாவகையிலும் முழுமுயற்சி செய்து
தடுப்பது அவசியம்.

10. வண்ண விளக்குகளின் ரகசியம்

ஒளி உமிழும் டையோடுகள் (LED) என்பவை மின்-
னோட்டம் பாயும்போது ஒளியை உமிழும் தன்மை உடை-
யவை. இவை குறைமின்கடத்திகளால் ஆனவை. மின்னியல்
சாதனங்களில் இந்த விளக்குகள் நீலநிற அல்லது பச்சைநிற
ஒளியை உமிழ்கின்றன. பாஸ்பரஸ் பூச்சு பூசப்பட்டால்
வெண்மை நிற ஒளியைத்தரக்கூடியவை. இந்த விளக்குக-
ளில் காலியம் நைட்ரைடு (GaN) என்னும் வேதிப்பொருள்
பயன்படுகிறது. முப்பது ஆண்டுகளுக்கு முன்புதான் காலியம்
நைட்ரைடு உருவாக்கப்பட்டது.

இரண்டு அங்குல தடிமனுள்ள விலையுயர்ந்த நீலக்கல்லில்
காலியம் நைட்ரைடு சேர்மத்தை பொதிந்து வளர்க்கும்
தொழில்நுட்பம் இதுவரை நடைமுறையில் இருந்தது.
இதனால் இந்த விளக்குகளின் விலை மிகவும் அதிகம்.
ஆனால் புதிய கண்டுபிடிப்பின்படி ஆறு அங்குல தடி-
மனுள்ள சிலிகான் தட்டில் பத்துமடங்கு காலியம் நைட்ரைடு
சேர்மத்தை வளர்க்க முடியும். சிலிகான் விலைகுறைவான

தனிமம் என்பதால் உற்பத்தி செலவு பத்தில் ஒரு பங்காக குறையும் வாய்ப்பு இருக்கிறது.
ஒளிஉமிழும் டையோடுகளை குறைந்தசெலவில் தயாரிக்கும் தொழில்நுட்பம் தற்போது கண்டறியப்பட்டுள்ளதால் இன்னும் ஐந்தாண்டுகளில் விளக்குகளுக்கான மின்கட்டணத்தில் முக்கால்பங்கு சேமிக்கலாம் என்கிறார் கேம்பிரிட்ஜ் பல்கலைக்கழக பேராசிரியர் காலின் ஹம்ப்ரிஸ்.
ஒளி உமிழும் டையோடுகளின் விலை பத்தில் ஒரு பங்காக குறையும்போது ஒளி உமிழும் டையோடுகளைப் பயன்படுத்திய விளக்குகளின் விற்பனை நிச்சயமாக அதிகரிக்கும். விளைவாக, நமது மின்கட்டணத்தில் முக்கால் பங்கு குறைந்துபோகும் என்கிறார் காலின் ஹம்ப்ரிஸ்.
அதாவது மின்சார உபயோகத்தில் நான்கில் ஒருபங்கு சிக்கனம் ஏற்படுமாம். இப்போது உள்ள மின் உற்பத்தி நிலையங்களைக்கூட மூடவேண்டி வருமாம். நம்முடைய மின்வெட்டு அமைச்சருக்கு இது நிச்சயம் நல்ல செய்திதான். ஆனால் இந்தக்கனவு நனவாவதற்கு அவர் ஐந்து வருடங்கள் காத்திருக்கவேண்டுமே! யாருக்கு அந்த யோகம் அடிக்கப்போகிறது என்பதுதான் தெரியவில்லை.
காலியம் நைட்ரைடு சேர்மத்தை பயன்படுத்தி தயாரிக்கப்பட்ட ஒரு ஒளி உமிழும் டையோடு விளக்கு ஒரு லட்சம் மணிநேரத்திற்கு எரியக்கூடியது. அதாவது 60 ஆண்டுகள் வரை தொடர்ந்து அந்த விளக்கு எரியும். இவற்றில் பாதரசம் இல்லை. எனவே சுற்றுச்சூழலில் மாசு ஏற்படுத்தும் சிக்கலும் இல்லை. மேலும் காலியம் நைட்ரைடு ஒளி உமிழும் விளக்குகளை தேவைப்படும்போது பிரகாசமாகவோ, மங்கலாகவோ எரியச்செய்துகொள்ளலாம்.

11. போராளிகள்

ஷெல் பெட்ரோல் நிறுவனத்தை எதிர்த்த கென்ய கவிஞர் கென் சரோ விவா போல் உலகெங்கும் சூழலுக்காக போராடுபவர்கள் கொல்லப்படுகிறார்கள் அல்லது அரசின் உதவியு-

டன் நசுக்கி ஒடுக்கப்படுகிறார்கள். இந்தியாவிலும் அதுதான் நடக்கிறது. பொதுவாகவே சூழல் விழிப்புணர்வு அதிகமுள்ள கர்நாடகத்தில் சமீபத்தில் ஒரு கொடூரக் கொலை நடந்துள்ளது. வடிகால் தொழிற்சாலை, மணல் குவாரிகளை எதிர்த்த விவசாயி செல்ல கிருஷ்ணமூர்த்தி (57) அந்நிறுவன முதலாளிகளால் கொல்லப்பட்டிருக்கிறார். இயற்கை வேளாண் முறையில் வாழை பயிரிட்டு வந்த விவசாயி அவர்.

சிக்பல்லாபூர் கிராமப் பகுதியில் விவசாய நிலங்கள், பாசனக் குளங்கள், பினாகினி நதியில் உள்ளூர் வடிகால் தொழிற்சாலை தொடர்ந்து கழிவு நீரை வெளியேற்றி வந்துள்ளது. அந்த நிறுவனத்தின் அத்துமீறல் தொடர்பாக கிருஷ்ணமூர்த்தி வீடியோ பதிவு செய்துள்ளார். அந்த நிறுவனத்துக்கு எதிராக புகார் பதிவு செய்துள்ளார். இப்படிச் சென்று கொண்டிருந்த அவரது வாழ்க்கைக்கு கடந்த நவம்பர் 10ந் தேதி திடீரென்று முற்றுப்புள்ளி வைக்கப்பட்டது. கௌரி டிஸ்டிலரி நிறுவனத்தின் அத்துமீறல்கள் பற்றி செய்தியாளர் கூட்டத்தில் பேட்டியளிக்க கிருஷ்ணமூர்த்தி தயாராகிக் கொண்டிருந்த நேரத்தில், கௌரிபித்தனூக் தாலுகாவில் அவர் கொல்லப்பட்டார்.

அவரது தொடர் போராட்டத்தால், கொல்லப்படுவதற்கு சில நாட்களுக்கு முன் மத்திய மாசுக் கட்டுப்பாட்டு வாரிய அதிகாரிகள் சுற்றுப்புற கிராமங்களில் இருந்து தண்ணீர் மாதிரிகளை சோதனைக்காக எடுத்துச் சென்றிருந்தனர். வாரியத்தின் விதிமுறைகளை மீறியதன் காரணமாக டிசம்பர் 19ந் தேதி அந்த வடிகால் தொழிற்சாலை மூடப்பட்டிருக்கிறது. ஆனால் அரசு உரிய காலத்தில் செயல்படாததால், ஒரு சுற்றுச்சூழல் போராளியின் வாழ்க்கை வலிந்து முடிக்கப்பட்டிருக்கிறது.

12. காற்றாலை - ஒரு அலசல்

உலகில் காற்றாலை மூலம் மின் உற்பத்தி செய்வதில் இந்தியா ஐந்தாம் இடத்தில் உள்ளது. கடந்த மார்ச் வரை

14,157 MW வரை முழு நிறை கருவி கல அமைவு (Installation) நிறைவடைந்துள்ளது. இதில் தமிழகத்தில் 5,900 MW அளவு வரை மின் உற்பத்தி செய்ய கருவிகள் அமைக்கப்பட்டுள்ளது. ஆனால் இதில் சுமார் 3,400 MW வரையே மின் உற்பத்தி கடந்த ஜூன் மாதம் கிடைத்தது.

♦ ஒரே இடத்தில் இருந்து காற்றாலை மூலம் பெறப்படும் மின்அளவில் நாகர்கோவிலுக்கு பக்கத்தில் உள்ள ஆரல்வாய்மொழி ஆசியாவிலே முதல் இடத்தில் உள்ளது. இங்கு கிட்டத்தட்ட 2500 MWக்கு மின் உற்பத்தி செய்யப்படுகிறது. மேலும் தமிழகத்தில் உடுமலைபேட்டை, தாழையூத்து, கயத்தார் மற்றும் தேனி பகுதிகளில் இருந்தும் நாம் காற்றாலைகளை பயன்படுத்துகிறோம். இது தவிர நாற்பத்தி ஒன்று இடங்களை ஆற்றல் உள்ள இடங்களாக கணித்துள்ளனர். தமிழகம் இந்தியாவிற்கு ஊழலில் மட்டும் அல்ல காற்றாலை மின் உற்பத்தியிலும் முதல் மாநிலமாக திகழ்கிறது .

♦ உலகின் முண்ணனி நிறுவனங்களான வெஸ்டாஸ், கமேசா முதலிய நிறுவனங்கள் இந்தியாவில் சென்னையில்தான் தங்கள் தலைமை அலுவலகம் மற்றும் ஆராய்ச்சிப் பிரிவையும் கொண்டுள்ளனர். இது தவிர RRB, லேட்டினர் ஸ்ரீராம், வின் வின்ட், ரீஜென் போன்ற முண்ணனி நிறுவனங்களும் சென்னையில் தான் உள்ளன. இந்தியாவின் மிகப் பெரிய நிறுவனம் சுசலோனின் தலைமை அலுவலகம் புனேவில் உள்ளது. முதலில் NEPC என்ற நிறுவனம்தான் இந்த காற்றாலை தயாரிப்பதில் தீவிரம் காட்டியது. பெரும்பாலும் தமிழகத்தில் பத்து வருடங்களுக்கு முன் இவர்கள் தான் அதிக அளவில் காற்றாலைகளை பிறருக்கு தயாரித்து கொடுத்தனர். தமிழகத்தில் பெரிய நிறுவனங்கள் (உம் : மெட்ராஸ் சிமெண்ட்ஸ், அசோக் லேய்லாந்து, முதலியன) மட்டுமல்லாது நடுத்தர நிறுவனங்களும் தங்களுக்கு சொந்தமாக காற்றாலைகளை வைத்துள்ளனர் .

♦ முதலில் 250 KW எந்திரம் செய்து கொண்டிருந்த நிறுவனங்கள் இப்போது 2000 KW எந்திரம் தயாரிக்கத்

தொடங்கிவிட்டன. இவை பல்லிணையகம் மற்றும் பல்லிணையகமற்ற தொழிற்நுட்பம் கொண்டவை. பல்லிணையகத்தில் நீராற்றலால் அலகை சரி செய்தல் (HYDRAULIC PITCH) மற்றும் மின் ஆற்றலால் சரி செய்தல் (ELECTRIC PITCH) என இரு வகைகள் உள்ளன. பல்லிணையகம் தயாரிக்கும் முண்ணனி நிறுவனங்களான ஹான்சென் கோவையிலும் விநேர்ஜி சென்னையிலும் இருப்பது குறிப்பிடத்தக்கது.

♦ இரு வருடம் முன்பு தமிழக மின் வாரியம் இதில் இருந்த தயாரிக்கப்படும் மின்சாரத்தின் ஒரு யூனிட்டிற்கு Rs. 3.39 / - தந்தனர். ஒரு காற்றாலை அமைக்க ஒரு KW க்கு ஐந்து லட்சம் ருபாய் வரை செலவாகும். அலகு (blade), குவியம் (HUB), NACELLE போன்றவை ஒரு காற்றாலையின் முக்கிய பாகங்கள். தமிழகத்தில் ஆண்டு சராசரி காற்று சக்தியின் அடர்த்தி ஆரல்வாய்மொழியில் உள்ள முப்பந்தல் என்ற இடத்தில் அதிகமாக 406 w /m2 (20 /25 m இல் அளக்கப்பட்டது) என்ற அளவில் உள்ளது.

♦ காற்றாலை நிறுவனங்கள் தயாரித்த மின்சாரத்தை பெற்றுக் கொண்ட தமிழக மின் வாரியம் கடந்த ஏப்ரல் மாதம் வரை ரூ.1200 கோடி வரை பணம் செலுத்தாமல் நிலுவையில் வைத்துள்ளது. இதனால் இவர்கள் மிகவும் பாதிக்கப்பட்டுள்ளனர். பிற மாநிலங்களில் (கர்நாடக மற்றும் மகாராஷ்டிராவில் தமிழகத்தை விட ஒரு யுனிடிற்கு அதிகமாக மின் வாரியம் பணம் தருகிறது). தமிழகத்தில் பெரும்பாலான இடங்களில் காற்றாலைகள் ஏற்கனவே நிறுவப்பட்டு முடிந்து விட்டதால் இப்போது பெரும்பாலான நிறுவனங்கள் குஜராத், மகாராஷ்டிரா மற்றும் கர்நாடகாவில் அதிக அளவில் காற்றாலைகள் அமைக்க முடிவு செய்துள்ளன.

13. நாளைய மின்சாரமும் மின்வாரியமும்

கடந்த ஐம்பது ஆண்டுகளுக்கும் மேலாக இயங்கி வரும் பொதுத்துறை நிறுவனங்களில் மிகப்பெரியது தமிழ்நாடு மின்-சார வாரியம். ஆனால் கடந்த தொடர்ச்சியான ஆண்டுக-ளில் மின்சார வாரியம் அதன் பயன் நோக்கிலிருந்து விலகி மக்களுக்கானது மின்சாரம் என்னும் சொல் அல்லது சிந்-தனை மறக்கப்பட்டு தனியார் நோக்கில் இயங்கிக் கொண்டு இருக்கிறது. இதற்கு நேரடிக் காரணங் கள் பல இருந்தாலும் அதில் மிக முக்கியமான காரணமாக அரசியல் இருந்து வருகிறது. இதைப் புரிந்து கொள்ள முதலில் மின் வாரியம் குறித்து சில வளக்கங்களைத் தெரிந்து கொள்ள வேண்டி-யிருக்கிறது. தகவல் தொழில்நுட்ப வளர்ச்சிக்கு முன்பாக தமிழ்நாட்டில் அதிக அளவு நிலையான வருவாயுடன் பணிப்பாதுகாப்பும் வழங்கி வந்த, வந்துகொண்டு இருக்கிற அரசுத் துறை நிறுவனமாக தமிழ்நாடு மின்சார வாரியம் திகழ்கிறது. மற்ற அரசு நிறுவனங்களை விடவும். இந்நிறு வனத்தில் அதிக அளவு பொறியாளர் கள் பணிபுரிந்து வருகின்றனர். இது அல்லாது மூன்றாம் நிலை, நான்காம் நிலைப் பணியாளர்கள் ஊழியர்கள் அதிகமாகப் பணியாற்றி வரும் நிறுவனமும் இதுவே. இதன் தற்போ தையத் தலைவர் திரு சி. பி. சிங் .

தமிழ்நாடு மின்சார வாரியம் மூன்று பணிகளை மேற்-கொண்டு வரு கிறது. முதலாவதாக உற்பத்தி [Generation] இரண்டாவதாக கடத்துதல் [Transmission] மூன்றாவதாக விநி யோகம் [Distribution].

தமிழ்நாடு மின்சார வாரியம் தனக்கென்று சொந்தமாக பல்வேறு வழிமுறைகளில் மின்சாரத்தை உற்பத்தி செய்து கொள்கின்றது. அவை முறையே, 1. அனல் மின் நிலையம், 2. புனல் மின் நிலையம் (நீர் மின்சக்தி) 3. எரிவாயு பயன்படுத்தி உற்பத்தி, 4. காற்றாலை மூலமாக உற்பத்தி ஆகியன.

அனல், புனல் எரிவாயு, காற் றலை இவை எல்லாமே சுழலும் சக்தியை [Kinetic Energy] பெறுவதற் கான ஒரு வழிமுறை. இந்த சுழலும் சக்தியைப் பயன்படுத்தி மிகப் பெரிய மின் ஆக்கியை [Generator] சுழலச் செய்து அதன் மூலம் மின்சாரம் உற் பத்தி செய்யப்படுகிறது.

இப்படி உற்பத்தி செய்யப்படும் மின்சாரம் உயர் அழுத்த மின்சாரமாக மாற்றப்பட்டு இந்தியா முழுவதும் பின்னப்பட்ட பொதுவான தொகுப் பில் இணைக்கப்பட்டிருக்கும். உற் பத்தி நடைபெறும் இடத்திலேயே இதற்கான ஏற்பாடு செய்-யப் பட்டிருக்கும். இப்படித் தொகுப்பில் இணைக்கப்பட்டுள்ள உயர் அழுத்த மின்சாரத்தை எடுத்து துணை மின்நிலை-யங்கள்[Sub-Stations] அமைத்து அதன் மூலம் மீண்டும் அழுத்தம் [Voltage] குறைக்கப்பட்டு அடுத்த நிலையில் நுகர்வோருக்கு வழங்கப்பட்டு வருகிறது.

இவ்வேலை தொடர் கண் காணிப்பில் 24 மணி நேரமும் இடைவிடாது செயல்பட்டு கொண்டு இருக்கும். தொகுப்பு எனக் கூறப்படும Gridஇல் மின்சாரத்தின் அலை வேகம் 50 Hrz +1 என்ற அளவில் தொடர்ச்சியாக பராமரிக் கப்-பட்டு வரும். இது நேரடியாக நாம் பயன்படுத்தும் மின்சா-தனத்தின் இயங்கும் தன்மையில் தொடர்பு டையது. எனவே இதை முக்கியமான ஒன்றாக கருதவேண்டியுள்ளது. அது-மட்டுமல்லாமல் Grid மின்சாரம் நகரும் திசையையும் தீர்-மானிக்கிறது. மின்சாரம் சில குறிபிட்ட நேரங்களில் அதி-கமான அளவு ஒரு மாநிலத்தை நோக்கி நகரும் போது அதை வைத்து மத்திய மாநில நிறுவனங்கள் பிடுங்கும் இழப்பீட்டுத் தொகையும் [Over Drawyal] ஒரு கொள்-ளையாகும்

இனி மின் உற்பத்தி வகைகளைப் பார்ப்போம்.

1.அனல் மின் உற்பத்தி தமிழ்நாடு மின்சார வாரியம் முறையே வடசென்னை, எண்ணூர், மேட்டூர், தூத்துக்குடி ஆகிய இடங்களில் அனல் மின் நிலையம் அமைத்து மின் உற்பத்தியில் ஈடுபட்டு வருகிறது. இவ் உற்பத்தி நிலையத்-தில் நீரை ஆவியாக்க நிலக்கரி எரிபொருளாகப் பயன்ப-

டுத் தப்பட்டு வருகிறது. இவ் நிலக்கரி கால இடைவெளி இன்றி ஒரிசாவில் இருந்து கொண்டுவரப்பட்டு தமிழ்நாட்டில் இரயில்கள் மூலமாக எடுத்ச் செல்லப் பட்டு பயன்படுத்தப் படுகிறது. இவ்வாறு எரிபொருளை சார்ந்து இந்த உற்பத்தி நடைபெற்று வருகிறது. இவ்வுற்பத்தி மறைமுகமாக மைய அரசைச் சார்ந்து உள்ளது.

மேலும் எரிபொருளைப் பகிர் வதில் மைய அரசு மாற்றம் செய்வதன் மூலம் உற்பத்தியை பாதிப்படையச் செய்யலாம்.. ஏனெனில் கொண்டு வரப்படும் நிலக்கரி அதிக அளவு அதிக நாட்களுக்கு, தோராயமாக ஒரு மாதத் திற்கு மேல் தேக்கி வைத்து பயன் படுத்துவது என்பது இயலாது. அவ் வாறு தேக்கி வைத்து பயன் படுத்துவது நிலக்கரியை தானா- கவே எரிந்து போகவும் செய்து விடும் என்பதால் அவ்வாறு தேக்கி வைக்க இயலாது. எனவே நிலக்கரி தொடர்ச்சியாக பயன்பட்டுக் கொண்டேஇருக்க வேண்டும். இவ்வாறு அனல் மின் நிலையத்தின் மூலமாக உற்பத்தி செய்யப்படும் மின்- சாரம் தொடச் சியாக எல்லா பருவகாலங்களிலும் நடை பெற்று வருவதால் இவ்வுற்பத்தி தீணீsமீ [Base Load Generation] எனப்படும் அடிப்படை உற்பத்தி யாகத் திகழ்கின்றது.

2.நீர் மின் உற்பத்தி இம்முறை யின் கீழ் சுமார் 2,100 MW அளவு திட்டங்கள் அமைக்கப்பட்டிருந்தா லும், இவை முழுவதுமாக நீரின் இருப் பைச் சார்ந்து இருப்ப- தனால் இதில் 50% - 60% அளவு உற்பத்தியே நாம் பெறுகிறோம். இந்த நீருக்கும் சேர்த்தே நாம் கர்நாடகத்திட- மும், கேரளாவி டமும் கையேந்துகிறோம் என்பதை நினைவு படுத்திக் கொள்ள வேண்டும்.

3. **எரிவாயு உற்பத்தி:** மின்வாரியம் எரிவாயுவைப் பயன் படுத்தி 500 MW அளவுக்கு மின் உற்பத்தி நிலையங்களை அமைத்திருந் தாலும் குறைவான அளவே உற்பத்தி யில் ஈடுபட்டு வருகின்றது. இவ்வகை உற்பத்தியில் உற்பத்தி செலவு மிக அதிகம். அதனால் தான். தான் செலவிடும் 1 யூனிட் உற்பத்தி செலவை விட அதிக அளவு பணம்

கொடுத்து ரூபாய் ஒன்பது வரை வாங்குவது வேடிக்கையிலும் வேடிக்கை. இப்படி அதிக அளவு விலையை கொள்முதல் செய்யக் கொடுப்பதாலேயே மின் வாரியத்தில் தற்போதைய நிதி நெருக் கடி உருவாகியுள்ளதாக பொறியாளர் கள் கூறுகின்றனர்.

4.காற்றாலை உற்பத்தி :காற்றாலை உற்பத்தியில் முழுக்க தனியார் ஆதிக்கமே உள்ளது.தனியார் உற்பத்தி செய்யும் மின்சாரத்தை மின் வாரியம் வாங்கி விநியோகிக்கின்றது. உற்பத்திச் செலவு மிக மிகக் குறைவு. ஆனால் எல்லாக் காலங்களிலும் உற்பத்தி செய்வது என்பது கடினம். இருந்தாலும் தனியார் முதலாளிகள் கொழுத்த லாபம் கானும் உற்பத்தியாக இது உள்ளது. 4,800 MW உற்பத்தி அளவு ஆலைகள் அமைக்கப்பட்டு இருந் தாலும் இதில் பாதி அளவு உற் பத்தி கூட எல்லாக் காலங்களிலும் கிடை யாது.

5.மத்தியதொகுப்பு: நெய்வேலி அனல் மின்நிலையம் மற்றும் கல்பாக்கம் அணு மின்நிலையம் ஆகிய மத்திய நிறுவனத்தின் மூலம் உற்பத்தி செய்யப்படும் மின்சாரத்தில் தமிழக பங்காக 2,500 MW நமக்கு ஒதுக்கப்டு கின்றது. இதையும் வாரியம் வாங்கி நுகர்வோருக்கு அளிக்கின்றது. மீத உற்பத்தி மத்தியத் தொகுப்பு வழியாக மற்ற மாநிலங்களுக்கு எடுத்துச் செல்லப்படுகின்றது. மத்திய அரசு நிறுவனங்களின் பங்களிப்பு வெறும் 30% ஆக உள்ள நிலையில் மீத உற்பத்தி மத்திய தொகுப்பு என்ற பெயரில், கொண்டு செல்லப்படுகிறது. ஒரே இடத்தில் நிலக்கரியை எடுத்து (நெய்வேலி) அங்கேயே அதை மின் உற்பத்திக்கு பயன்படுத்தி குறைந்த செலவில் மின் உற்பத்தி செய்து மத்தி தொகுப்பு என்ற பெயரில் எடுத்து செல்வது ஒரு வித நூதன மோசடி

அரசு, பிள்ளை பெருமாள், நி.வி.ஸி போன்ற தனியார் உற்பத்தியாளரிடம் உற்பத்தி செலவைவிட அதிக அளவு ரூ 5 முதல் ரூ 9 வரை கொடுத்து மின்சாரம் வாங்குவதோடு மட்டு மல்லாமல், வாங்காது போகும் தனியார் நிறுவனங்களுக்கு மின் வாரியம் கட்டணம் செலுத்த வேண்-

டும் என்ற மோசடியான ஒப்பந்தத்தாலும், அப்படி ஒப்பந்தம் போட்ட ஆட்சியாளர்களும் மின்வாரியத்திற்கு இழப்பு ஏற்பட வழசெய்ததோடு மட்டும் அல்லாமல், வாரியத்தில் தற்போது ஏற்பட்டி ருக்கும் பணியாளர், பொறியாளர் பற்றாக்குறை புதிய பணியாளர்களை, பொறியாளர்களை, பட்டயப் பொறி-யாளர்களை தேர்தெடுக்கும் தேவையை அதிகரித்துள்ளது.

மின்வாரியமே இதை ஒட்டி பணியாட்களை தெரிவும் செய்கின் றது. அப்படி தேர்தெடுப்பவர்களில் அதிகமானோர் மூன்று முதல் ஐந்து லட்சம் வரை கையூட்டு கொடுத்து பணியிடங்களைப் பெறுவதாகக் கூறுகின்றனர்.. இது அவ்-வாறு புதிதாக பணியில் சேர்ந்த நபர்களிடம் ஒட்ட பழகி-னால் மட்மே அவர்களின் வாயில் இருந்து வரும் செய்திக-ளாகும். இது நிர்வாக அளவில் வேகமாக சீரழிவு நடைபெ-றுவதை சுட்டுகின்றது. இந்நிலையில் கடந்த பல வருடங்க-ளாக வாரியத்தின் வருவாய் இழப்பாக.5 10,000 கோடிக்கு மேல் சென்று கொண்டிருப்பதாக செய்தி களும் வருகின்றது. இன்னொரு பக்கம் மின்சார சட்டம் 2003 ஐபயன்படுத்தி ஒட்டுமொத்தமாக மத்திய அரசு தன் பிடியை இறுக்குகின்-றது. இழந்து விடுவதற்கு அச்சாரம் போடப்பட் டுள்ளது.

மேலும் புதியதாக உருவாகும் அனல் மின் நிலையங்கள் நேரடியாக தேசிய அனல் மின் கழகம் கண் காணிப் பில் இயங்க போகின்றது. இதனால் தமிழ்நாட்டில் படித்து பட்-டம்பெற்றவர்களின் வேலை வாய்ப்பை, மற்ற மானிலத்தவ-ரும் பங்கு போடுவது உறுதி. ஏற்கனவே தமிழர் அல்லாத பிற மொழி பேசும் நபர்களின் எண்ணிக்கையும் கனிசமாக உள்ளனிலையில், இதனால் தமிழ் நாடும். மின் வாரிய-மும் பாதிப்பை அடையபோவது என்பது தவிர்க்க இயலாது. இதன் நேரடி விளைவாக அடக்கிவைக்கப்பட்டு இருக்கும் மின்கட்டன உயர்வு வெளிப்படும் போது மின்வாரியத்தின் தற்போதைய குழப்ப நிலைமை வெளி உலகத்திற்கு தெரி-யவர ஆரம்பிக்கும்

14. கதை சொல்லும் காற்று

– சிதம்பரம் இரவிச்சந்திரன்

காலநிலையில் திடீரென்று மாற்றங்கள் ஏற்படுவதும், தொடர்ந்து புயல், பெருமழை பொழிவதும் இன்று அடிக்கடி நிகழும் சம்பவங்களாகி விட்டன. அரபிக் கடலிலும், வங்-காள விரிகுடாவிலும் உருவாகும் காற்றழுத்தத் தாழ்வுப் பகு-திகள் பல சமயங்களில் காலநிலை மாற்றங்கள் ஏற்படக் காரணமாகின்றன. வானிலை முன்னறிவிப்புகளில் இதை அடிக்கடி நாம் கேட்பதுண்டு.

பூமியில் உருவாகும் அழுத்த வேறுபாடுகளே காற்று போன்ற இயற்கை நிகழ்வுகளுக்குக் காரணம். அழுத்தம் என்பது பூமியில் ஏற்படும் அதன் எடையையே குறிக்கிறது. அதாவது ஒரு குறிப்பிட்ட பரப்பில் வாயு மண்டலத்தில் காற்று உருவாக்கும் எடை. இதுவே அந்த இடத்தின் காற்-றழுத்தம். பூமியின் ஈர்ப்புவிசை காரணமாக இந்த அழுத்தம் பூமியுடன் சேர்ந்து செயல்படுகிறது. வாயு மண்டலத்தில் ஏற்-படும் அழுத்த வேறுபாடுகளுக்கு வெப்பநிலை ஒரு முக்கிய காரணமாக அமைகிறது.

பூமத்திய ரேகைக்கு இரண்டு பக்கங்களிலும் நிலவும் வெப்ப மண்டலப் பகுதிகள் எப்போதும் உயர்ந்த வெப்பம் உள்ள பகுதிகள். இதனால் இந்த இடங்களில் காற்றின் அழுத்தம் குறைவாகக் காணப்படுகிறது. அதாவது காற்றின் எடை குறைவாக இருக்கிறது. இந்தப் பிரதேசம் பூமியில் காற்றழுத்தத் தாழ்வுப்பகுதி. பூமத்திய ரேகையின் இரண்டு பக்கங்களிலும் 5 டிகிரி அட்சரேகை பரப்பில் உள்ள காற்-றின் அழுத்தத்தை நிர்வகிக்கும் பகுதியாக இந்தப் பகுதி கருதப்படுகிறது.இப்பகுதி உட்பட பூமியில் ஏழு காற்றழுத்தப் பகுதிகள் உள்ளன. மூன்று லேசான காற்றழுத்தப் பகுதிகள், நான்கு உயர்ந்த அழுத்தம் உள்ள பகுதிகள் என்பவை அவை. 60 டிகிரிக்கும் 70 டிகிரிக்கும் இடையில் உள்ள பகுதியில் பூமியின் வட மற்றும் தென் கோளப் பகுதிகளில் காற்றழுத்தம் குறைவாகக் காணப்படும் பகுதிகள் உள்ளன.

இவை துணைக் காற்றழுத்தக் குறைவுப் பகுதிகள் எனப்-
படுகின்றன. வட மற்றும் தென் கோளப் பகுதிகளில் 35
டிகிரி, 30 டிகிரி பரப்பளவில் இப்பகுதிகள் காணப்படு-
கின்றன. இவை துணை வெப்ப ஈர்ப்பு காற்றழுத்தப் பகுதி-
கள் எனப்படுகின்றன.

இந்தப் பகுதிகளில் இருந்தே பூமத்திய ரேகைப் பகுதிக்கு
காற்றுகள் வீசிக் கொண்டிருக்கின்றன. இவையே வணிகக்
காற்றுகள் என்று அழைக்கப்படுகின்றன. இங்கிருந்து துணை
காற்றழுத்தக் குறைவுப் பிரதேசங்களுக்கும் காற்று வீசுகின்-
றது. இவை மேற்கத்தியக் காற்று என்று அழைக்கப்படுகின்-
றது.

துருவப் பிரதேசங்கள் வெப்பநிலை மிகக் குறைவாக
உள்ள இடங்கள். இங்கு காற்றின் எடை அதிகம். இந்தப்
பிரதேசத்தில் இருந்து காற்று, குறைந்த அழுத்தம் உள்ள 60
டிகிரி அட்சரேகைப் பகுதிகளை நோக்கி வீசுகிறது. நீரோட்-
டம் போல அழுத்தம் அதிகம் உள்ள இடத்தில் இருந்து
குறைவாக உள்ள இடத்திற்கு காற்று வீசுகிறது. அழுத்-
தத்தை அளவிட அழுத்தமானி (பாரோமீட்டர்) பயன்படுத்-
தப்படுகிறது. மில்லிபார் என்ற அலகால் இது அளக்கப்படு-
கின்றது. ஆனால் 1986ம் ஆண்டிற்குப் பிறகு அழுத்தத்தை
அளக்க ஹெக்டோ பாஸ்கல் என்ற அலகே பயன்படுத்தப்ப-
டுகிறது.

கடல் மட்டத்தில் காற்றின் அழுத்தம் 76 செ மீ. இது
1013.2 ஹெக்டோ பாஸ்கல். இத்தாலிய விஞ்ஞானி டாரி-
செல்லி காற்றழுத்தமானியை உருவாக்கினார். கடலின் மேற்-
பரப்பில் காற்று ஏற்படுத்தும் அழுத்தம் ஒரு கண்ணாடிக்கு-
ழாயில் 76 சென்டி மீட்டர் உயரத்தில் பாதரசத்தை தாழ்வாக
நிறுத்தப் போதுமானது என்று அவர் கண்டுபிடித்தார். வட
மற்றும் தென் கோளப் பகுதிகளுக்கு இடையில் சூரியனின்
பயணத்தின் காரணமாக பூமியின் மேற்பரப்பில் காற்றழுத்தப்
பகுதிகள் லேசாக வடக்கு நோக்கியும், தெற்கு நோக்கியும்
வீசுகின்றன.

கடலோரப் பிரதேசங்களுக்கும், கடல்களுக்கும் இடையில் காணப்படும் இடமாற்றம் காற்றழுத்தப் பிரதேசங்கள் இடம் மாறக் காரணமாக அமைகிறது. ஜூலை மாதத்தில் வட கோளப் பகுதியிலும், ஜனவரி மாதத்தில் தென் கோளப் பகுதியிலும் கரையோரப் பகுதிகள் அதிக அளவில் வெப்பமடைகின்றன. இதற்கு ஜூன் 21 அன்று உத்தராயணக் கோட்டிற்கு மேல் பகுதியிலும், டிசம்பர் 22 அன்று தட்சனாயணப் பகுதிக்கு மேல் பகுதியிலும் சூரியன் இருப்பதே காரணம்.

அந்த சமயத்தில் இப்பகுதிகளுக்கு மேல் லேசான காற்றழுத்தத் தாழ்வு மண்டலங்கள் உருவாகின்றன. வட கோளப் பகுதியில் கரைப்பகுதிகள் லேசான காற்றழுத்தப் பிரதேசங்களாக ஆகும்போது தென் கோளத்தில் கரைப்பகுதிகள் ஈர்ப்பு விசையினால் ஏற்படும் அழுத்தப் பிரதேசங்களாக மாறுகின்றன. இந்நிகழ்வு எதிர்மாறாகவும் நிகழ்கின்றது. சுற்றிலும் உள்ள பிரதேசத்தைக் காட்டிலும் அழுத்தம் குறைவாக உள்ள பகுதிகளே காற்றழுத்தத் தாழ்வுப் பகுதிகள்.

இதனால் அழுத்தம் அதிகமாக உள்ள பகுதியில் இருந்து அழுத்தம் குறைவாக உள்ள பகுதிக்கு காற்று வலிமையுடன் வீசுகிறது. இது மலைகளால் தடுக்கப்பட்டு கிழக்குப் பகுதியில் நல்ல மழைப் பொழிவு ஏற்படுகிறது. பூமியின் சுழற்சி, புவியின் மேற்பரப்பில் கானப்படும் இயற்கை அமைப்பு போன்றவை காற்றின் வலிமை மற்றும் அது வீசும் திசையில் மாறுதல்களை ஏற்படுத்துகிறது. காற்றின் திசையைக் கட்டுப்படுத்தும் மறைமுக விசை ஒன்று பூமியில் செயல்படுகிறது. இது கோடியோலிஸ் விசை என்று அழைக்கப்படுகிறது.

பிரெஞ்சு கணித மேதை கஸ்டோ டிகோடியோலிஸ் என்பவரே இதைக் கண்டுபிடித்தார். பயணித்துக் கொண்டிருக்கும் எந்த ஒரு பொருளின் பயண திசையும் வட கோளப் பகுதியில் வலது திசையிலும், தென் கோளத்தில் இடது திசை நோக்கியும் இருக்கும் என்பது இக்கோட்பாட்டின் அடிப்படைக் கொள்கை. இதைப் பற்றி ஆராய்ந்து தீவிரமாக சிந்தித்த பெரல் என்ற அமெரிக்க விஞ்ஞானி இக்கொள்-

கையை மேலும் விரிவுபடுத்தினார்.

பூமியின் சுழற்சியால் காற்றின் திசை, வட பகுதியில் வலது நோக்கி சாய்ந்தும், தென் பகுதியில் இடது நோக்கி சாய்ந்தும் வீசுகிறது என்று பெரல் விதி கூறுகிறது. காற்று நிலையானது, நிலையற்றது, பிராந்திய ரீதியிலானது, அடி-வானக் காற்று என்று பல வகைகளாகப் பிரிக்கப்பட்டுள்ளன. வணிகக் காற்று, மேற்கத்தியக் காற்று போன்றவை எப்போ-தும் ஒரே திசையில் இருந்து மற்றொரு திசையை நோக்கி வீசும் நிலையான காற்றுகள். புயற்காற்றுகள் நிலையற்ற காற்றுகள்.

வாயு மண்டலத்தின் கீழ்பகுதியில் இருக்கும் டோப்போஸ்-பியரில் உருவாகும் அதி தீவிரமான காற்றழுத்த நிலை அடிவானக் காற்றுக்கு எடுத்துக்காட்டு. வெப்ப மண்டலப் பகுதியில் உருவாகும் காற்றில் வங்காளக் கடலில் உரு-வாகும் காற்றுதான் மிகப் பெரியது. அக்டோபர் நவம்பர் மாதங்களிலும், ஏப்ரல் மே மாதங்களிலும் இவை தோன்று-கின்றன. குறிப்பிட்டப் பருவங்களில் வீசும் இவை பருவக்-காற்று என்றும் அழைக்கப்படுகின்றது. பகலில் வீசும் கடற்-காற்றும், இரவில் வீசும் கரைக்காற்றும் குறைந்த நேரத்திற்கு வீசும் காற்றுக்கு உதாரணம். சராசரியாக நீண்ட நேரம் வீசும் காற்று, பருவமழைக் காற்று எனப்படுகின்றது. இந்தியாவில் ஜூன் முதல் செப்டம்பர் முதல் பகுதி வரை தென்மேற்கில் இருந்து வீசும் காற்று மூலம் நல்ல மழை கிடைக்கிறது.

ஒரு குறிப்பிட்ட பிரதேசத்தில் மட்டும் வீசும் காற்று பிராந்தியரீதியில் வீசும் காற்று எனப்படுகின்றன. இவை மிகச் சிறிய நிலப்பகுதியில் மட்டுமே வீசும் இயல்புடையவை. இது அந்தக் குறிப்பிட்ட பகுதியின் அன்றாட வானிலை, காலநிலையைப் பாதிக்கிறது. லூ, ப்ப்ன்,சியூக், நார்வெஸ்ட்-டர், மின்ஸ்ட்ரெல், டொனார்டு போன்றவை இவ்வாறு ஒரு குறிப்பிட்ட சிறிய நிலப் பகுதியில் வீசும் காற்றுக்கு எடுத்-துக்காட்டு.

தென்றலாகவும், புயலாகவும் வீசும் காற்றின் கதை சுவா-ரசியமானது. இயற்கையின் படைப்பில் காற்றின் கதை

வியப்பூட்டும் ஒரு விந்தையான நிகழ்வே!

15. காற்றாலை மாபியா

"இக்கதையின் நோக்கம் காற்றாலைகளை எதிர்ப்பதோ அந்த நிறுவனங்களை எதிர்ப்பதோ இல்லை. காற்றாலை பெயரால் செய்யும் அக்கரமங்களை வெளிக்கொணர்வதே ஆகும்"

நான் ஒரு விவசாய பின்னனியைக் கொண்ட நடுத்தர வர்க்கத்தை சேர்ந்தவன்.நான் வசிக்கும் ஊர் மற்றும் எங்கள் சுற்று வட்டாரத்தில் நடந்த சம்பவங்களையும் காற்றாலை பற்றிய எனது ஈறிவையும் உங்களிடம் இப்பதிவில் பகிர்ந்து கொள்ள எண்ணுகிரேன்.

காற்றாலை செயல்படும்முறை: காற்றாலை பற்றி ஓரளவுக்கு அனைவருக்கும் தெரிந்ததுதான்.காற்றாலைகள் பூமியின் மேற்புர அடுக்கிள் வீசும் காற்றின் வேகத்தால் காற்றாலை இறக்கைகள் சுழல்வதின்மூலம் மின்சாரம் உர்பத்தி செய்கிறது.

காற்றாலையில் உற்பத்தி ஆகும் மின்சாரத்தில் எவ்வளவு மக்கள் பயன்பாட்டிறக்கு அழிக்கப்படுகிறது?

காற்றாலை மின்சாரத்தில் 70% மேற்பட்ட மின்சாரங்கள் தனியார் நிருவனஙகளே உபயோகிக்கின்றன.ஆனால் அதை நான் தவறு என்று கூர வரவில்லை நீங்கள் தெரிந்துகொள்ளத்தான் குரிப்பிடுகிரேன்.பெரிய நிறுவனங்கள் தங்களது மின்தேவையை பூர்த்தி செய்வதர்காக காற்றாலைகளை நறுவுகிறது.இந்தியாவைப் பொறுத்தவரை கடற்கறை மாநிலங்களில் இவை பெரும்பாலும் நிருவப்படுகிறது.ஏனெனில் இங்கும் கனவாய்ப் பகுதிகளிலுமே காற்றின் வேகம் அதிவேகமாக இருக்கும்.தமிழ்நாட்டைப் பொருத்தவரை நான்கு மாவட்டங்களில் அதிகமாக காற்றாலை நிருவப்படுகிறது.அவை தேனி,நெல்லை,தூத்துக்குடி மற்றும் கன்னியாகுமரி. அதிலும் ஆரல்வாய்மொழி கனவாய் மற்றும் கயத்தாறு பகுதிகள் அதிகளவிள் காற்றாலை மின்சாரம் தயாரிக்கும்

இடமாக குறிப்பிடப்படுகிறது.

"தனியார் நிறுவனங்கள் தங்கள் தேவைகளுக்காக நிறுவு-கின்றன.மற்றும் 70% மின் பயன்பாடு தனியார் வசமே உள்-ளது"

காற்றாலை நிறுவுவதற்கான அம்சங்கள்: காற்றாலையின் அளவு மற்றும் உற்பத்தி தறனைப்பொறுத்து அதற்குத்தே-வையான நிலம் தேவைப்படும். இதனை காற்றாலை நலம் அளப்போர் point என அழைப்பார்கள்.

காற்றாலை எனக்கு தெரிந்த வகையில்மூன்று விதமாக பிரிக்கிறேன்.அவை:

சிறிய அளவுக்காற்றாலை(1250-1500MW)

பொதுவான அளவுகொண்டவை(1500MW மேல்)

பெறிய காற்றாலை(2000-2500MW)

இதன் அடிப்படையில் காற்றாலை அமைப்பதற்கான விதிமுறை அமைகிறது.அவை:

சிறிய காற்றாலைகளுக்கு 69.8 சென்ட் நிலமும்

மிதமான அளவுகொண்ட காற்றாலைக்கு 79.8சென்ட் நிலமும்

பெரிய அளவு காற்றாலைகளுக்கு 89.8 சென்ட் நலமும் தேவைப்படும்.

மற்றும் இரு காற்றாலைகளுக்கிடையே 100m முதல் 110m இடைவெளி இருக்க வேண்டும்.

மக்கள் வசிப்பிடத்திற்கு அருகாமையில் அமைக்கப்படும் காற்றாலையானது காற்றாலை நிழல் மக்கள் வசிப்பிடத்தின் மீது படாதபடி அமைக்க வேண்டும்.

ஆனால் பெரும்பாலான காற்றாலைகள் இதனை கடை-பிடிப்பதில்லை.

யார் இந்த காற்றாலை மாப்பிக்கள்?

"யார் இவர்கள் என்றால் இவர் பெரிய நிறுவனங்களின் தலைவர்களோ அல்லது வெளிநாட்டவரோ அல்ல"

இவர்கள் காற்றாலை நிருவன பங்குதார்களோ,நிரவநர்-களோ,அந்த நிருவனத்தில் வேலை புரிபவர்களோ அல்ல.பிறகு யார்தான் இவர்கள்? என்று கேட்கிறீர்-

களா?அதற்கு முன்பு ஆறம்ப கால நிறுவனங்கள் எங்கள் ஊர்களில் எப்படி செயல்பட்டது என்பதை தெரிந்துகொள்ள வேண்டும்.ஆரம்ப காலங்கள் அதாவது 15-20ஆண்டுக-ளுக்கு முன்பு காற்றாலைகள் இங்கு வர ஆரம்பித்தன அப்-பொழுது வெளிநாட்டு நிறுவனங்கள் வெளிநாட்டு பணியா-ளர்களை வைத்துக்கொண்டு கட்டுமான பணிகள் மற்றும் மேம்பாடுகளை கவனித்து வந்தனர்.உள்ளூரில் ஆள் பலம் உடைய சில நபர்கள் இந்த நிறுவனங்களுக்கு இடையூறு ஏற்படுத்துகறார்கள்.எப்படி என்றால்?காற்றாலை அமைக்க உதவும் பளுதூக்கி இயந்திரங்கள் மற்றும் கனரக இயந்திரங்-கள் செல்ல 20-22 அடி பாதை தேவைப்படும்.

இதனை தனக்கு சாதகமாக்கி கொண்ட இவர்கள் அந்த இயந்திரங்கள் செல்ல பயன்படும் பாதைக்கு சொந்த காரர்-களை பயன்படுத்தியோ அல்லது அந்நிலங்களை தனதாக்கி கொண்டோ வாகனங்கள் செல்லும் பாதையெங்கும் அடி-யாட்களை வைத்து வழிமரித்தும் மன்கம்பங்களை சரித்தும் அட்டூழியம் செய்தனர்.இதனை சமாளிக்க முடியாத நிரு-வனங்கள் சமரசம் செய்ய முன்வந்தனர். இதனை பயன்ப-டுத்தி பணம் கேட்டனர்.இதன் மூலம் இவர்கள் நன்கு சம்பா-திக்க ஆரம்பித்தனர்.ஒரு கட்டத்தில் காற்றாலை நிருவனங்-கள் ஒரு முடிவுக்கு வந்தனர்.அதாவது இப்படிபட்ட பலம்-வாய்ந்தவர்களை நாம் வைத்துக்கொண்டாள் சுலபமாக உள்-ளூர்வாசிஞளின் நிலபுலன்களை வாங்கி காற்றாலை நிறுவ-லாம் என எண்ணின.

அதற்காக அந்த பிரமகர்களை அழைத்து ஒப்பந்தம் செய்து கொண்டது.அதாவது தங்கள் நிறுவனங்களுக்கு தேவையான நிலங்களை பெற்று தரும்படியும்,இதற்கு சம்ம-திக்கும் பட்சத்தில் உங்களுக்கு தனி அலுவலகம்,காற்றாலை அமைக்கும் பணிகள் மற்றும் அதன் மேம்பாட்டு பணி-கள் மேற்பாற்வையிடும் பொருப்புகளையும் தருவதாக கூறி-னர்.மேலும் ஒவ்வொரு காற்றாலை பணி மடியும் போதும் சில கோடிகளையும் அழித்தனர்.

மாப்பியாக்கள் நிலங்களை அபகரித்த முறை:

ஏதோ சில லட்சங்களுக்காக வழிமரித்தவர்கள் கோடி-களை கண்டவுடன் சும்மா இருப்பார்களா?

இவர்கள் நிலங்களை கையகபடுத்த வியூகங்கள் மற்றும் சூழ்ச்சிகளை செய்தனர்.அவற்றில் சிலவற்றை இங்கு கூறு-கிறேன்.

ஒருவரின் பலகீனத்தை சாதகமாக்கிக்கொள்வது

பணத்தின் ஆசையை காட்டுவது

சம்பந்தப்பட்ட விவசாயிடம் அவருடைய நிலத்தை குறைவாக மதிப்பிட வைப்பதும்

இவற்றிர்க்கு சரிப்பட்டு வராத பட்சத்தில் அடியாட்கள் வைத்து மிரட்டுவது

இப்படியாக தனது வேலைகளை முடித்ததால் பண மழை-யில் நனைந்தார்கள்.இதற்க்கு சம்மந்தப்பட்ட அரசு அதிகா-ரிகள் மற்றும் காவல் அதிகாரிகளை தன் கைக்குள் போட்-டுக்கொண்டனர்.

இவர்களால் நிகழ்ந்த சில சம்பவங்களை கீழே குறிப்பிடு-கிறேன்:

(சுருக்கமாகவும் பெயர் கரிப்பிடாமலும் சொல்கிறேன்)

பொதுவாக காற்றாலை அமைக்கும் போதும் நிலத்திற்கு சொந்தக்கார்களை அனுகும் போதும் இரவு நேர மது விருந்-துகள் நடைபெறுவதுண்டு.அவ்வாறு 2002 காலக்கட்டத்தில் ஒரு 60 வயதுதக்க விவசாயிக்கு வெளிநாட்டு மதுக்களை அருந்த வைத்து குடிபோதையில் இருக்கும் போதே நிலத்தை எழுதிவாங்கிவிட்டனர்.தன் நிலம் கைவிட்டு போனதை அறிந்தவர் தற்போது மனநிலை பாதிப்புகளுக்குள்ளாகியுள்ளார்.

ஏற்கனவே நிலம் கொடுத்த நபர் இறந்த பிறகு மீதமுள்ள அவருடைய நிலத்தையும் அபகரிக்க அவரது கடும்பத்-தாருக்கு அடியாட்கள் மூலமாகவும் உள்ளூர் காவலதிகாரி மூலமும் தொந்தரவு அழித்து வருகிறார்கள்.

ஓர் கணவனை இழந்தப்பெண் தன் இரு சிருவர்களுடன் தன் தாய் தனக்கழித்த 3செண்ட் நிலத்தில் வசித்து வருகறார் தன் தாயை அன்றி வேர் எவரும் ஆதரவு இல்லாத சூழ்-நிலையில் அவர் வீட்டின் அருகே உள்ள விளைநிளத்தை

காற்றாலைக்கு விற்கிறார். ஏற்கனவே நான் காற்றாலை அமைக்கும் விதிகளை கூரியிருந்தேன் அல்லவா அதற்கு பரம்பாக அமைத்தார்கள்.எவ்வாறு என்றால் காற்றாலையின் இறக்கை அவர்களின் வீட்டின் கூரையின் மேல் இருப்பது போல் அமைத்தார்கள்.அதனை எதிர்த்து காவல் நிலையத்திற்கு சென்றபோது முதலில் அவர்கள் சொல்வதை கேட்க சொன்னார்கள் அவர் கேட்காத பட்சத்தில் அங்கு அவமானபடுத்தப்பட்டார்.பின் அதே நாள் இரவு அடியாட்களால் தலையில் காயப்படுத்தப்பட்டார்.

இச்சம்பவத்தில் ஓர் விவசாயி தன் விவசாய நிலத்தை தர மருக்கிறார்.அவருக்கு மிகுந்த நெருக்கடி கொடுக்கப்படுகிறது.அது ஒரு நாள் உச்சம் அடைந்து அவர் ஓர் பொது இடத்தில் அந்த பிரமுகராள் கொலை செய்யப்படுகிறார்.மறுநாள் நான்கு பேர் காவல் நிலையத்தில் தான்தான் செய்ததாக ஒப்புக்கொள்கிறார்கள்.அதில் ஒருவன் 18 வயதுடைய இளைஞன் ஆவான்.

இவ்வாறு இவர்களால் சிலர் உடைமைகளை இழந்தும் குடும்ப உரவினர்களின் உயிர்களை இழந்தும் அவதியுற்று வாழ்கிறார்கள்.

விவசாயத்திற்கும் விவசாயிகளுக்கும் ஏர்ப்பட்ட கொடுமை: இந்த மாப்பியாக்கள் விவசாயிகளிடம் இருந்து நேரிடையாக சொத்துக்களை கைமாற்றுவதில்லை power of authority என்று தான் வாங்குவார்கள்.இதன் அர்த்தம் அவர்களுக்கு சொத்தை யாருக்கும் வழங்க உரிமை உள்ளது என்பதாகும்.இதனைப் பயன்படுத்தி இவர்கள் என்ன செய்வார்கள் தெரியுமா?

5ஏக்கர் நிலம் காற்றாலைக்கு கைமாற்றாபடுவதானால் காற்றாலைக்கு போக மீத நிலத்தை தன் பெயருக்கு மாற்றிக்கொள்வார்கள்.மற்றும் காற்றாலைக்கு இயற்கை வழங்களை சுரண்ட வேண்டிய அவசியம் இல்லை ஆனால் இந்த உலகமகா அறிவாளிகள் அவற்றையும் விட்டு வைக்கவில்லை.இவர்கள் வந்த பிறகு நுற்றூக்கணக்கான ஓடைகளும் குளங்களும் இருந்த இடம் தெரியாமல் மைதானம்

போல ஆக்கிவிட்டனர்.இதர்க்கு ஒத்துளைத்த அதிகாரிகளை எப்படி வாழ்த்துரதுனே தெரியல.இந்த மாதிரி மிருகங்கள் மற்றும் இதற்கு துனைபோகிற அதிகார வர்க்கத்திர்கும் இடையேதான் நாம் வாழ்கிறோம்.எப்போதும் ஏழை எளிய மக்களுக்கான நீதி அதிகார வர்க்கத்தால் பறித்துக்கொண்டு-தான் இருக்கறார்கள்.

ஏழைக்கொரு நீதி, அதிகாரத்திற்கு ஓர் நீதி - தற்சமயம் இவர்கள் பெரிய தனவானகவும்,அதிகாரம் படைத்தவர்களா-கவும் உள்ளனர் ஆனால் பாதிக்கப்பட்ட மக்களோ தன் உடைமைகளையும் ஆதாரங்களையும் இழந்து கானப்படுக-றார்கள்.சிலர் தனது சொந்த நிலத்திலேயே காற்றாலை காவ-லர்களாக உள்ளனர்.சரி விவசாயிகளைத்தான் சுரண்டினார்-கள் என்றால் தன்னிடம் வேலைப்பாரபவர்களிடமாவது நல்ல விதமாக நடந்து கொள்கிறார்கள் என்றால் இல்லை .காற்-றாலை காவலர்களுக்கு 2005

நிலவரப்படியே மாதம் ரூ.5000 நிர்வாகம் வழங்குகிறது. ஆனால் அவர்களுக்கு வெறும் ரூ.2000-ரூ.3000 மட்டுமே வழங்கப்படுகிறது.

எனது கருத்து: இப்போது உங்கள் மனதில் என்ன நினைக்கிறீர்கள் என்று புரிகிறது . எல்லோரும் ஒரு விச-யத்தை எளிதாக குறைகூரமுடியும் அதற்கு தீர்வழிப்பதும் செயல்படுத்துவதும் கடினம் என்று எண்ணுவீர்கள்.ஆனால் எனக்கு தெரிந்த தீர்வை சொல்ல விரும்புகிறேன். அது என்னவென்றால்

பொதுவா வெளிநாடுகளில் காற்றாலை நிருவுவதற்கு விவசாய நிலங்களை முற்றிலுமாக வாங்காமல் தனது விதி-முறைக்குட்பட்ட மற்றும் தேவையான இடத்தின் உரிமைதா-ரரிடம் குறிப்பிட்ட ஆண்டுகளுக்கு ஒப்பந்தம் செய்துகொள்-வார்கள்.இதனால் நில உரிமையாளருக்கும் நிர்வாகத்துக்கும் எந்த பாதிப்பும் ஏர்ப்படாது.

அல்லது, காற்றாலைக்குப் போக மீதமுள்ள நிலத்தை சம்பந்தப்பட்ட விவசாயிக்கோ அல்லது அரசாங்கத்தின் மூலம் விருப்பம் உள்ள விவசாயிகளுக்கு ஒப்பந்த முறையில்

அந்த நிலத்தை அளிக்கலாம்.

காற்றாலை நிர்வாகம் தயவு செய்து இந்த மாதிரியான உள்ளூர் ஆசாமிகளை நம்பி வேலைகளை ஒப்படைக்காமல் தகுந்த தகுதியுள்ள இளைஞர்கள் யாராளம் உள்ளனர் அவர்களை பனியில் அமர்த்துவதன் மூலம் மற்ற வில்லங்க பிரச்சினைகளை தவிர்க்களாம்.

மேலும் தேவையில்லாமள் அழித்த அழிவுக்கள்ளாக்கிய ஆறு,குளங்கள் மற்றும் நீரோடைகளை நல்லெண்ணத்தின் படி சீரமைக்கலாம்.

இவ்வாறு செய்யும் பட்சத்தில் விவசாயிகளுக்கு காற்-றாலை நிறுவனங்கள் மீது நன்மதிப்பு ஏர்படும்.எந்த ஒரு நிறுவனம் ஆனாலும் மக்களை ஒடுக்குவதன் மூலமோ அதிகாரத்தின் மூலமோ மக்களை எதிர்த்து அதிக நாட்கள் ஆலைகளை இயக்கிவிட முடியாது.

காற்றாலையுமானதுதான் அதே சமயம் விவசாயிகளின் நலனும் முக்கியமானது.ஆதலால்

16. பறவைகள் மோதாமல் இருக்க...

பறவைகள் மோதி உயிரிழப்பதைத் தடுப்பதற்காக காற்றா-லைகள் மீது ஆரஞ்ச் வர்ணம் பூசக்கோரிய வழக்கில் மத்-திய, மாநில அரசுகள் பதிலளிக்க உயர் நீதிமன்றம் உத்தர-விட்டுள்ளது.

மதுரை தத்தநேரியைச் சேர்ந்த சௌந்தர்யா, உயர் நீதி-மன்றக் கிளையில் தாக்கல் செய்த மனு:

தமிழகத்தில் பல்வேறு இடங்களில் காற்றாலைகள் மூலம் மின்சாரம் தயாரிப்பு நடைபெற்று வருகிறது. இந்தியாவில் காற்றாலை மின்சாரத்தில் தமிழகம் முதலிடத்தில் உள்ளது. மிக உயரமாக காற்றாலைகள் அமைக்கப்படுவதால் பறவை-கள் காற்றாலைகளில் மோதியும், மின் கம்பிகளில்

மோதியும் 0.5 சதவீத பறவைகள் உயிரிழக்கின்றன. இதனால் பறவைகள் முற்றிலும் அழிவதற்கு வாய்ப்புள்ளது.

தமிழகத்துக்கு வெளிநாடுகளிலிருந்து குளிர்காலத்தில் அதிகளவு பறவைகள் வந்து செல்கின்றன. பறவைகள் மோதாமல் இருக்க காற்றாலை மீது ஆரஞ்ச் வர்ணம் பூச வேண்டும், காற்றாலைகள் சுற்றும் போது வரும் சப்தம் பறவைகளை துன்புறுத்தும் வகையில் இருக்கக்கூடாது, உயர் அழுத்த மின் கம்பிகளில் செல்லும் மின்சாரம் சுற்றுச்சூழலை பாதிக்கக்கூடாது என 2004-ல் மத்திய அரசு வழிகாட்டு-தல்களை தெரிவித்துள்ளது.

இருப்பினும் இந்த வழிகாட்டுதல்கள் பின்பற்றப்படுவ-தில்லை. எனவே, தமிழகத்தில் காற்றாலைகள் மீது பறவை-கள் மோதி உயிரிழப்பதை தடுக்க காற்றாலைகள் மீது ஆரஞ்ச் நிற வர்ணம் பூச உத்தரவிட வேண்டும்.

இவ்வாறு மனுவில் கூறப்பட்டிருந்தது.

இந்த மனு நீதிபதிகள் எம்.எம்.சுந்தரேஷ், எஸ்.ஆனந்தி அமர்வில் விசாரணைக்கு வந்தது. மனு தொடர்பாக மத்திய, மாநில அரசு பதிலளிக்க உத்தரவிட்டு விசாரணையை மார்ச் 8-ம் தேதிக்கு நீதிபதிகள் ஒத்திவைத்தனர்.

17. தமிழகத்தில் காற்றாலை

தமிழகத்தில் உள்ள காற்றாலைகள் மூலம் கடந்த 2 நாட்க-ளாக 10 கோடி யூனிட்டுக்கு மேல் மின்சாரம் உற்பத்தி செய்-யப்பட்டுள்ளது. மொத்த பயன்பாட்டில் சுமார் 35 சதவீதத்தை காற்றாலைகள் பூர்த்தி செய்துள்ளன. இதன்மூலம் தமிழகத்-தில் காற்றாலைகள் மூலமான மின் உற்பத்தியில் சாதனை நிகழ்த்தப்பட்டுள்ளதாக காற்றாலை உரிமையாளர்கள் தெரி-வித்துள்ளனர்.

தமிழகத்தின் மின் தேவையை அனல், நீர், காற்று மற்றும் அணு மின்சாரம் பூர்த்தி செய்கின்றன. காற்றாலைகள் மூலம் சுற்றுச்சூழலுக்கு மாசு இல்லாத மின்சாரம் கிடைக்கிறது.

12 ஆயிரம் காற்றாலைகள் - நாட்டில் நிறுவப்பட்டுள்ள சுமார் 25 ஆயிரம் காற்றாலைகளில், 12 ஆயிரத்துக்கும் மேற்பட்டவை தமிழகத்தில்தான் உள்ளன. இவை மொத்தம்

7,850 மெகாவாட் மின்சாரத்தை உற்பத்தி செய்யும் திறன் கொண்டவை. காற்றின் வேகத்தைப் பொறுத்து அதிகபட்ச- மாக 5 ஆயிரம் மெகாவாட் வரை உற்பத்தியாகும்.

தமிழகத்தில் கன்னியாகுமரி, திருநெல்வேலி, தூத்துக்குடி, திண்டுக்கல், கோவை, திருப்பூர் மாவட்டங்களில் அதிக காற்றாலைகள் உள்ளன. இந்த நிலையில், வரலாறு காணாத வகையில், தமிழகத்தில் உள்ள காற்றாலைகள் 10 கோடி யூனிட்டுக்கு மேல் மின்சாரத்தை உற்பத்தி செய்துள்- ளதாக காற்றாலை உற்பத்தியாளர்கள் பெருமையுடன் தெரி- வித்துள்ளனர்.

இந்திய காற்றாலைகள் சங்கத் தலைவர் கே.கஸ்தூரி ரங்- கையன் 'தி இந்து'விடம் கூறியதாவது: தமிழகத்தில் கடந்த 3-ம் தேதி 10.15 கோடி யூனிட்டும், 4-ம் தேதி 10.26 கோடி யூனிட்டும் காற்றாலை மின்சாரம் உற்பத்தியாகியுள்ளது.

மொத்த பயன்பாடான 29.80 கோடி யூனிட்டில், சுமார் 35 சதவீதம் காற்றாலை மூலம் உற்பத்தியாகியுள்ளது. இது- வரை 9.80 கோடி யூனிட் மின்சாரம்தான் அதிக அளவாக உற்பத்தி செய்யப்பட்டிருந்தது. தற்போது முதன்முறையாக 10 கோடி யூனிட்டுக்கும் மேல் மின்சாரம் உற்பத்தி செய்யப்பட்- டுள்ளது.

5 ஆயிரம் மெகாவாட் - அதேபோல, ஒரே நேரத்தில் அதிகபட்ச அளவாக 5,084 மெகாவாட் மின்சாரம் உற்பத்தி செய்யப்பட்டுள்ளதும் குறிப்பிடத்தக்கது.

வழக்கமாக மே மாதம் முதல் செப்டம்பர் வரை காற்றின் வேகம் அதிகமாக இருப்பதால், அதிக அளவு காற்றாலை மின்சாரம் உற்பத்தியாகும். தற்போது மிக அதிக அளவில் காற்று வீசுவதால், அதிக மின்சாரம் உற்பத்தியாகிறது.

இந்திய காற்றாலைகள் சங்கம் சார்பில், காற்றின் வேகம், தன்மை குறித்த முன்னறிவிப்பை 24 மணி நேரத்துக்கு முன்பாகவே தேசிய காற்றாலை மின் உற்பத்தி பயிலகம் மற்- றும் தமிழ்நாடு மின் வாரியத்துக்கு அறிவிக்கிறோம்.

இதனால், அனல் மின் உற்பத்தியை சற்று குறைத்துக்- கொண்டு, காற்றாலை மின்சாரத்தை முழு அளவில் தமிழ்-

நாடு மின் வாரியம் பயன்படுத்துகிறது.

காற்றாலைகளின் அதீத மின் உற்பத்தி காரணமாக, தமி-
ழகத்தின் மின் தேவை முழுமையாகப் பூர்த்தியாகியுள்ளது.
சில நேரங்களில் தேவைக்கு அதிகமாகவே மின் உற்பத்தி
உள்ளது. எனவே, வெளி மாநிலங்களுக்கு மின்சாரத்தை
விற்கலாம் என்றும் தமிழக அரசுக்கு யோசனை தெரிவித்-
துள்ளோம்.

தற்போது காற்றின் வேகம் அதிகமாக இருப்பதால், இன்-
னும் 15 சதவீதம் வரை கூடுதல் மின்சாரத்தைப் பெற முடி-
யும். காற்றாலை மின்சாரத்தை முழுமையாகப் பயன்படுத்த
மின் வாரியத்தை வலியுறுத்தி உள்ளோம் என்றார்.

18. காற்றாலைகள் கொல்லும் பறவைகள்

என் தலைக்கு மேல் மிக உயரத்தில் இறக்கைகளை அடிக்-
காமல் வட்டமிட்டு கொண்டிருந்தது அந்த சங்குவளை
நாரை (Painted stork). கழுகுகளைப் போலவே இறக்-
கைகளை அடிக்காமல் காற்றின் விசையை பயன்படுத்தி
வட்டமடிக்கும் அதன் திறனை ரசித்துக்கொண்டு நின்றி-
ருந்தேன். மிக உயரத்தில் பறந்துகொண்டிருந்த அப்பறவை
மெதுவாக சற்று கீழே இறங்கி வட்டமடித்தபோது, என் மனம்
படபடக்க ஆரம்பித்துவிட்டது.

காரணம், அங்கு சுற்றிக்கொண்டிருந்த காற்றாலையின்
சுழலி (Wind Turbine). நான் அஞ்சியது போலவே
அந்த நாரை காற்றாலைச் சுழலியின் மிக அருகில் வட்ட-
மடிக்கத் தொடங்கியது. சில நொடிகளில் வேகமாக சுற்றிக்-
கொண்டிருக்கும் சுழலியின் தகடுகளில் மோதி, நாரை கீழே
'பொத்தென்று' விழுந்தது. நான் விரைந்து அருகில் சென்று
பார்த்தபோது நாரையின் தலை துண்டாகி, உடம்பு மட்-
டும் கிடந்தது. அந்த நாரையின் அலகை எவ்வளவு தேடி-
யும் என்னால் கண்டுபிடிக்க முடியவில்லை. எங்கோ போய்
விழுந்து கிடந்தது. காற்றாலைகளால் பறவைகளுக்கு ஏற்ப-
டும் பாதிப்புகளை குறித்த எனது ஆய்வில், நான் கண்ட

முதல் காட்சி இதுதான்.

எது பசுமை ஆற்றல்? - காற்று - உலகில் வாழும் ஒவ்-
வொரு உயிருக்கும் இன்றியமையாத ஒன்று. காலங்காலமாக
காற்றை மனித இனம் பல்வேறு தேவைகளுக்காகப் பயன்-
படுத்திவந்திருக்கிறது. சமீபத்திய ஆண்டுகளாக மின்சாரம்
தயாரிப்பதற்காகவும் மனித இனம் காற்றைப் பயன்படுத்திவ-
ருகிறது. காற்றாலைச் சுழலி (Wind Turbine) எனப்படும்
ராட்சத இயந்திரம் இதற்குப் பயன்படுத்தப்படுகிறது.

இதில் இருக்கும் நீளமான தகடுகள்/இறக்கைகள்
(Blades) காற்றின் வேகத்தால் சுற்றுவதால், அதனுடன்
இணைக்கப்பட்டிருக்கும் மின்னாக்கி (Generator) இயங்கு-
வதன் மூலம் மின்சாரம் தயாரிக்கப்படுகிறது. புதுப்பிக்கக்கூ-
டிய ஆற்றலான காற்றாலை மின்சாரம் (Wind Power),
சுற்றுச்சூழலை சீரழிக்காத பசுமை ஆற்றலாகக் கருதப்படுகி-
றது. ஆனால், இது 100 சதவீதம் உண்மையா?

புதுப்பிக்க முடியாத மின் உற்பத்தி முறைகளால் ஏற்படும்
சுற்றுச்சூழல் சீரழிவிலிருந்து விடுபட, காற்றாலை மின்சாரம்
ஒரு மாற்று ஆற்றலாகக் கருதப்படுகிறது. உதாரணமாக,
அனல்மின் நிலையங்களின் மூலம் வெளியேற்றப்படும் காற்று
மாசுபாடு போன்ற பாதிப்புகள் எதுவும் காற்றாலைகளால்
ஏற்படுவதில்லை. இதனால் காற்றாலை மின்சார உற்பத்தி
உலகெங்கிலும் வேகமாக வளர்ந்துவருகிறது.

காற்றாலை மின்சார உற்பத்தியில் சீனா முதல் இடத்-
திலும், அமெரிக்கா இரண்டாம் இடத்திலும் இருக்கின்றன.
2020-ம் ஆண்டில் காற்றாலை மின் உற்பத்தித் திறன் 60
கிகா வாட் ஆக மாற்ற வேண்டும் என்ற குறிக்கோளுடன்
இந்திய அரசு செயல்பட்டுவருகிறது. இந்தியாவின் மொத்த
மின் உற்பத்தியில் 8%. காற்றாலை மின் உற்பத்தி மூலம்
கிடைக்கிறது. இதில் தமிழகம் முதலிடத்திலும், மகாராஷ்-
டிரா இரண்டாம் இடத்திலும், குஜராத் மூன்றாம் இடத்திலும்
உள்ளன.

காற்றாலை பாதிப்புகள்: பரவலாக பசுமை மின்சாரம்
என்று வர்ணிக்கப்பட்டாலும், காற்றாலை மின்சாரம் சுற்றுச்-

சூழலை குறிப்பிடத்தக்க அளவு பாதிக்கிறது. காற்றாலைக-
ளால் ஒலி மாசுபாடு, உயிரினங்களின் வாழ்விடச் சிதைவு
போன்ற பாதிப்புகள் ஏற்படுகின்றன. குறிப்பாகப் பறவை-
கள், வவ்வால்கள் எனப் பறக்கும் உயிரினங்கள் காற்றா-
லைத் தகடில் (Wind Turbine Blades) மோதி இறந்து
போகின்றன. இதுபோல் நேரடி மோதலால் ஏற்படும் மரணங்-
கள் தவிர, காற்றாலைகளால் பல உயிரினங்களின் வாழிட-
மும் மோசமாக பாதிக்கப்படுகிறது.

காற்றாலைகளை அமைக்கும்போது நில அமைப்பில் ஏற்-
படும் மாற்றங்கள், புதிதாக உருவாக்கப்படும் சாலைகள்,
அதிகரிக்கும் வாகனப் போக்குவரத்து, மக்கள் நடமாட்டம்,
காற்றாலைச் சுழலியால் ஏற்படும் ஒலி போன்றவற்றால்
பறவைகளின் வாழிடங்கள் பாதிக்கப்படுகின்றன. இது தவிர,
வலசை போகும் பறவைகள் காற்றாலைகளைத் தவிர்ப்ப-
தற்காக மாற்று வழிகளில் வெகு தூரம் பறந்து செல்ல
வேண்டியிருக்கிறது. இதனால் இனப்பெருக்கம் பாதிக்கப்பட்டு
அப்பறவைகளின் எண்ணிக்கையும் (Population) சரிய
வாய்ப்புள்ளது. உதாரணமாக, குஜராத் மாநிலம் கட்ச் பகு-
தியில் நாங்கள் நடத்திய ஆய்வில், காற்றாலைகள் நிறைந்-
துள்ள இடங்களில் சில பறவைகளின் எண்ணிக்கை, குறை-
வாக இருப்பது தெரியவந்தது.

கவனம் ஈர்த்த பிரச்சினை: 1990-களில் அமெரிக்காவின்
அல்டமான்ட் பாஸ் (Altamont Pass) என்ற இடத்தில்
அமைந்துள்ள காற்றாலையில் ஏற்பட்ட கழுகு வகைப்
பறவைகளின் (Raptors) திடீர் அதிகப்படி மரணமே இந்த
பிரச்சினையை கவனத்துக்குக் கொண்டுவந்தது. அதன்
பிறகு கடந்த பத்து ஆண்டுகளாக காற்றாலைகளால் ஏற்ப-
டும் பறவைகளின் மரணம் குறித்து பல ஆய்வுகள் நடை-
பெற்றுள்ளன.

ஒரு காற்றாலைச் சுழலியின் மூலம் ஒரு ஆண்டில்
ஒன்றிலிருந்து 64 பறவைகள்வரை இறப்பதாக ஆய்வுகள்
கூறுகின்றன. உதாரணமாக ஸ்பெயின் நாட்டில் எல் பெர்-
டோன் (El perdon) என்ற இடத்தில் அமைந்துள்ள காற்-

றாலையில் ஆண்டுக்கு 64 பறவைகள் ஒரு காற்றாலை-யால் இறக்கின்றன. அதேநேரம் தங்கள் ஆய்வுக் காலத்தில் பறவைகளின் மரணங்களே நிகழாத காற்றாலைகளும் உள்-ளதாக சில ஆய்வுகள் தெரிவிக்கின்றன.

பெரும்பாலான ஆய்வுகளில் கழுகுகள், பருந்துகள், பாறுக் கழுகுகள், வல்லூறுகள் உள்ளிட்ட இரைகொல்லிப் பறவைகளே பெரிதும் பாதிக்கப்படுகின்றன. இது கவலைக்-குரியது, ஏனென்றால், உணவுச்சங்கிலியில் மிகவும் உயர்ந்த இடத்தில் இருக்கும் இந்த இரைகொல்லிப் பறவைகளின் ஆயுட்காலம் அதிகம், அதேநேரம், இவற்றின் எண்ணிக்-கையும் பிறப்பு விகிதமும் மிகக் குறைவு. எனவே காற்றா-லைகளால் இரைகொல்லிப் பறவைகளின் இறப்பு விகிதம் குறைவாக இருந்தாலும், இது இயற்கை சமநிலையை பெரி-தாக பாதிக்கும்.

ஆய்வுகளின் பற்றாக்குறை: ஆசிய கண்டத்தைப் பொறுத்தவரை இந்தப் பிரச்சினை குறித்து ஓரிரு ஆய்வுகள் மட்டுமே மேற்கொள்ளப்பட்டுள்ளன. காற்றாலை மின் உற்-பத்தியில் முதலிடத்தில் இருக்கும் சீனாவிலும், நான்காம் இடத்தில் இருக்கும் இந்தியாவிலும் இது குறித்த ஆய்வுகள் குறைவாகவே உள்ளன. காற்றாலைகளால் பறவைகளுக்கு ஏற்படும் பாதிப்பு குறித்து இந்தியாவில் மூன்றே ஆய்வு முடி-வுகளே இதுவரை வெளியாகியுள்ளன.

மகாராஷ்டிர மாநிலம் போம்பர்வாடியில் நடந்த இரண்டு ஆண்டு ஆய்வில், ஐந்து இனங்களை சேர்ந்த பத்து பறவைகள் காற்றாலைச் சுழலிகளில் மோதி இறந்துள்ளன. குஜராத் கட்ச் மாவட்டத்தில் எங்களது மூன்றாண்டு ஆய்-வில் 11-க்கும் மேற்பட்ட வகைகளைச் சேர்ந்த 47 பறவை-களின் உடல் காற்றாலைகளுக்குக் கீழே கண்டெடுக்கப்-பட்டது. இவற்றில் கள்ளிப் புறா (Eurasian Collared Dove), மாடப் புறா (Blue Rock Pigeon) வல்லூறு (Common Kestrel) முதலிய பறவைகள் அதிக எண்-ணிக்கையில் இறந்துபோனதைப் பதிவு செய்திருக்கிறோம்.

நேரடி மரணம் மட்டும் இல்லாமல், காற்றாலைகளால் பறவைகளின் வாழிடங்கள் பாதிக்கப்படுவதால், பறவைகள் வேறு இடங்களுக்கு இடம்பெயர்வதும் நடக்கிறது. இதில் சிட்டுக்குருவி, சின்னான், ஈப்பிடிப்பான், கரிச்சான் போன்ற பாடும் பறவை (Passerines) இனங்கள், காடை, காட்டுக் கோழி போன்றவை தரை வாழ் பறவைகளும்கூட அதிகமாக பாதிக்கப்படுகின்றன.

தேவை சீரமைப்பு: அதிகமான பல்லுயிர் செறிவை கொண்ட நாடான (Megabiodiverse Country) இந்-தியாவில் காற்றாலைகளின் பாதிப்புகள் குறித்த ஆய்வுகள் அவசியம் தேவை. ஏனென்றால், காற்றாலைகள் அமைக்கும் முன் அதற்கான இடங்களை கவனமாக தேர்வு செய்வதன் மூலம் பறவைகளுக்கு ஏற்படும் பாதிப்புகளை வெகுவாகக் குறைக்க முடியும். இதற்கு அதன் திட்டவட்டமான பாதிப்பு-களை குறித்த ஆழமான அறிவு தேவை.

இப்போது இந்தியா போன்ற நாடுகளில் மின்சாரத் தேவையை ஈடுசெய்ய, ஏதேனும் ஒரு முறையில் மின்சார உற்பத்தி அதிக அளவில் நடைபெற்றாக வேண்டும். புதுப்-பிக்க முடியாத மின்சார உற்பத்தி முறைகள் ஏற்படுத்தும் சீரழிவுகளைக் கணக்கில் எடுக்கும்போது, காற்றாலை மின்-சாரத்தை முற்றிலுமாக எதிர்க்கக் கூடாது என்பது புரியும். அதேநேரம் அந்தத் துறை ஏற்படுத்தும் பாதிப்புகள் சார்ந்து விரிவான ஆய்வுகளை மேற்கொண்டு, உயிரினங்களுக்குக் குறைவான ஆபத்தை ஏற்படுத்தும் இடங்களில் காற்றாலை-களை அமைப்பது உகந்தது.

அதேபோல், காற்றாலைகளை அமைக்கும்போது சுற்றுச்-சூழல் பாதுகாப்பு விதிமுறைகளை முறையாகப் பின்பற்ற வேண்டும். டெல்லியில் அமைந்துள்ள அறிவியல் மற்றும் சுற்றுச்சூழல் மையம் வெளியிட்டுள்ள காற்றாலை அமைப்-பதற்கான வழிகட்டுதல்களை பின்பற்றினால், காற்றாலை-களால் ஏற்படும் சுற்றுச்சூழல் பாதிப்புகளை பெருமளவு குறைக்கலாம். இதுபோன்ற பாதுகாப்பு நடவடிக்கைகள் மூல-மாக மட்டுமே காற்றாலைச் சுழலிகளின் தகடுகளில் அடி-

பட்டு பறவைகள் இறப்பதை ஓரளவுக்காவது மட்டுப்படுத்த முடியும்.

19. ஷூக்களும் காற்றாலைகளும் கொஞ்சம் சீஸூம்

நெதர்லாந்துக்குச் சென்று வந்ததின் அடையாளமாக, நீங்கள் உங்கள் நண்பரை ஏதேனும் வாங்கி வரச் சொன்னால், அவர் ஷூ அடையாளமிட்ட ஒரு பரிசுப் பொருளை வாங்கி வந்து கொடுத்தால் எப்படி இருக்கும்? என்னை அவமானப்படுத்துகிறாயா என்று சண்டைக்குச் செல்லாதீர்கள். அந்த ஷூவுக்குப் பின் பெரிய வரலாறே இருக்கிறது.

சிறிய கடைகள் தொடங்கி பெரிய கடைகள் வரை இந்த ஷூவை மையப்படுத்திய பல பரிசுப் பொருட்களை நீங்கள் பார்க்கலாம். என்னைச் சற்றே ஆச்சரியப்படுத்திய விஷயத்தைப் பற்றி ஒரு கடையில் கேட்டபோது, அந்தக் காலத்தில் சேரும் சகதியுமாக இருந்த நிலத்தில் ஷூ இன்றி நடக்க முடியாமல் இருந்ததால், அதன் அடையாளமாக இருக்கலாம் என்று தெரிவித்தார். சற்றே ஆராய்ந்து பார்த்தபோது மேலும் சில விஷயங்களைத் தெரிந்து கொண்டேன்.

நெதர்லாந்து என்றால் தாழ்ந்த நிலப் பகுதி என்று பொருள். நாட்டின் கால் பகுதி கடல் மட்டத்திற்குக் கீழே அமைந்துள்ளது. பதினேழாம் நூற்றாண்டில் பெரும்பாலும் சதுப்பு நிலமாக இருந்த நாடு, நில மீட்புத் திட்டங்களின் மூலம் மக்கள் வாழத் தகுந்ததாக மாறி இருக்கிறது. கடல் மட்டத்திற்கு இவ்வளவு கீழே உள்ள நாடு இன்னமும் கடலில் மூழ்காமல் இருப்பது அதிசயம் அல்ல. மிகச் சிறப்பான திட்டமிடலுடன் செயல்படுத்தப்பட்டுள்ள மனித முயற்சியின் அடையாளம்.

திட்டமிட்டுக் கட்டப்பட்ட அணைகள், மணற்குன்றுகள், வெள்ளத் தடுப்பு வாயில்கள், பம்ப் ஹவுஸ்கள் எனப்படும் நீரை இறைத்து வெளியேற்றும் அமைப்புகள் என்கிற கூட்டுத் திட்டங்களின் மூலம் நெதர்லாந்தின் நீர்மட்டங்கள்

உயராமல் பாதுகாப்பாக இருக்கிறது.

கடலின் அடிப்பகுதியில் இருந்து மணலை அள்ளி எடுக்-கும் பெரிய இயந்திரங்களைப் பயன்படுத்தி மணல் குன்றுகள் அமைக்கப்பட்டுள்ளன. இந்த மணல் குவிக்கப்பட்டு, அதன் மேல் மண் அரிப்பைத் தடுக்க புற்கள் நடப்படுகின்றன. கடல்மட்டம் அதிகரிக்கும் போது, மணல் குன்றுகள் வெள்-ளத்தைத் தடுக்கின்றன. வெள்ளத் தடுப்பு வாயில்களாக விளங்கும் வாய்க்கால்கள், நகரம் முழுவதிலும் இருந்து நீரை வெளியேற்றுகின்றன. வட ஐரோப்பாவின் வெனிஸ் என்று ஆர்ம்ஸ்டர்டாம் அழைக்கப்படுவதற்கு முக்கியக் கார-ணம் இந்த வாய்க்கால்கள். பம்ப் ஹவுஸ்கள் எனப்படும் நீரை இறைத்து வெளியேற்றும் அமைப்புகளை நிறையவே காணலாம். இந்த பம்ப் ஹவுஸ்களுக்குக் காற்றாலை மூலம் மின்சக்தி அளிக்கப்படுகிறது. நெதர்லாந்து காற்றாலைகளின் நாடு என்று அழைக்கப்படுவதற்குக் காரணம் இதுதான். ஆம்ஸ்டர்டாம் போன்ற பெரு நகரங்களில் நவீன காற்றா-லைகள் அமைந்திருந்தாலும், இன்னமும் மரத்தினால் ஆன பதினேழாம் நூற்றாண்டு காற்றாலைகள் நகரத்துக்கு வெளியே இயங்கிக் கொண்டுள்ளன. இந்தக் காற்றாலைக-ளைச் சென்று பார்ப்பது ஒரு முக்கியச் சுற்றுலாவாக மேம்-பட்டுள்ளது.

சதுப்பு நிலத்தில் ஷூ இன்றி வாழ முடியாத நிலையில் இருந்த மக்கள் சரியான திட்டமிடலுடன், அறிவார்ந்து யோசித்து, தொழில்நுட்பத்தின் துணை கொண்டு நாட்டைக் கட்டி எழுப்பி உள்ளனர். இன்றைக்கு எல்லா விதமான போக்குவரத்து வசதிகளும் மிகுந்த நாடாக வளர்ச்சி அடைந்திருக்கிறது நெதர்லாந்து.

சீரான திட்டமிடலுடன் அமைந்திருக்கும் இந்த நகரத்தின் சாலைகள் மையப் பகுதியில் நகரத்தின் பரபரப்பைக் கொண்டிருந்தாலும், சற்றே தள்ளிச் செல்லும்போது, அமை-தியான கிராமத்து வாழ்க்கையின் அடையாளங்களைக் கொண்டிருக்கின்றன. நகரத்தை ஊடறுத்துச் செல்லும் ஆம்ஸ்டெல் நதி எந்தக் குறுக்கீடுகளும் இன்றி நகரத்தைக்

கடந்து அமைதியாகக் கடலைச் சென்று சேர்கிறது. அந்த நதி செல்லும் வாய்க்கால்கள் அனைத்திலும் படகுப் போக்-குவரத்து இருக்கிறது. டிராம், மெட்ரோ, பேருந்துப் போக்-குவரத்தைப் போல படகுப் போக்குவரத்தும் பயன்பாட்டில் உள்ளது. எல்லாவற்றிலும் ஒரே கார்டை உபயோகப்படுத்திப் பயணம் செய்யலாம்.

மணல் குன்றுகளைப் பாதுகாக்க, புற்கள் நடப்பட்டன அல்லவா, அந்தப் புற்கள் மாடுகளுக்கு நல்ல தீவனமாக அமைந்தன. இது பாலை உற்பத்தி செய்வதற்கான திறனை அதிகரித்ததால் நெதர்லாந்தில் வளர்க்கப்படும் ஹால்ஸ்டீன்-ப்ரிஸியன், அதாவது முழுக்க வெள்ளை, கறுப்பு நிறத் திட்-டுகள் காணப்படும் மாடுகள், ஒரு நாளுக்கு 30 லிட்டருக்-கும் மேல் பாலை வழங்கக்கூடிய திறனைப் பெற்றுள்ளன. அதிகப்படியான பால் உற்பத்தி அதன் துணைப் பொருட்க-ளின் உற்பத்திக்கும் வழிவகுத்தது. கிட்டத்தட்ட பதினெட்டாம் நூற்றாண்டில், குடிப்பதற்கு நல்ல தண்ணீர் கிடைப்பது கஷ்-டமாக இருந்தபோது, பால் அதிகப்படியாக இருந்திருக்கி-றது. எனவே பாலும் பால் பொருட்களும் முதன்மை உணவுப் பொருட்களாயின. சீஸ் இன்றி டச்சு மக்களின் உலகம் விடி-வதே இல்லை. வேகவைத்த பீன்ஸும், கொஞ்சம் சீஸும் மட்டுமே மதிய உணவாக எடுத்துக் கொள்கின்றனர். பின்-னர், கொஞ்சம் உருளைக்கிழங்கும் சேர்ந்து அமைந்தால் கேட்கவே வேண்டாம்.

இப்படிப் பால் பொருட்களை அதிக அளவில் உட்-கொண்டதன் காரணமாக, உடலில் கால்சியம், புரோட்டின் அளவு அதிகரித்து, எலும்புகள் பலமாகின. இந்த உணவு-முறையின் விளைவாக, நெதர்லாந்து மக்களின் சராசரி உயரம் ஆறடிக்கு மேல் உயர்ந்துள்ளது. நெதர்லாந்து ஆண்-களில் 55 சதவீதத்துக்கும் அதிகமானோர் ஆறடிக்கும் மேல் உயரம் கொண்டவர்கள். பெண்களின் சராசரி உயரம் 5 அடி 17 அங்குலம் (170 செ.மீ). உலகம் முழுவதிலும் சரா-சரி உயரத்தை அடிப்படையாகக் கொண்டு பார்க்கும்போது, நெதர்லாந்து மக்கள் உலகிலேயே உயரமானவர்களாகக் கரு-

தப்படுகிறார்கள்.

ஆனால் 18ஆம் நூற்றாண்டில், நெதர்லாந்து ஆண்களின் சராசரி உயரம் சுமார் 165 செ.மீ., பெண்களின் உயரம் சுமார் 154 செ.மீ. மட்டுமே இருந்தது. இது இன்றைய உலக சராசரியைவிடக் குறைவு. இன்றைய உயரத்துடன் ஒப்பிட்டால், சுமார் 15—20 செ.மீ. குறைவாக இருந்ததாக அர்த்தம். பல தலைமுறைகளாகப் பால் பொருட்களை முக்கிய உணவாக ஏற்றுக்கொண்டதன் காரணமே, அவர்களை உலகில் சராசரி உயரத்தில் கடைசி நிலையில் இருந்து முதன்மை நிலைக்குக் கொண்டுவந்துள்ளது.

நெதர்லாந்தில் அமைந்துள்ள சீஸ் மியூசியம், சீஸ் பேக்டரி போன்ற இடங்களை இலவசமாகச் சுற்றிப் பார்க்கலாம். பால் பொருட்களின் வாடையே ஆகாத எனக்கெல்லாம் அங்கு அடுக்கி வைக்கப்பட்டிருக்கும் சீஸ் கட்டிகளின் அருமை தெரியவில்லை. சீஸ் பேக்டரியின் வாடை தாங்க முடியாமல் மாஸ்க் அணிந்து கொண்டு, அங்கே இலவசமாக ருசி பார்க்கக் கொடுக்கப்படும் சீஸ் பொருட்களையும் வேண்டாம் என்று கூறிவிட்டு, வெறும் கையை வீசிக்கொண்டு வெளியே வந்தேன்.

நெதர்லாந்து நகரங்களில், குறிப்பாக அல்க்மார், கௌடா-ஆகிய இடங்களில் நடைபெறும் சீஸ் மார்க்கெட்டுகள் மிகவும் பிரபலம். பாரம்பரியமாக வெள்ளை உடைகள் அணிந்த வியாபாரிகள் சீஸ் வியாபாரம் செய்வதை மக்கள் வேடிக்கை பார்க்க, அதுவும் ஒரு முக்கிய டூரிஸ்ட் இடமாக மாறியுள்ளது. ஒவ்வொரு கோடையிலும் இயங்கும் இந்த சீஸ் மார்க்கெட்டைப் பார்ப்பதற்காகவும், சீஸை வாங்குவதற்காகவும், மக்கள் கூட்டம் கூட்டமாக இங்கே குவிகின்றனர். பாரம்பரிய முறையில் சீஸ்களை எடுக்கும் நிகழ்வுகள் போன்றவை ஒரு பண்டிகையைப் போன்ற அனுபவத்தை வழங்குகின்றன.

2015ஆம் ஆண்டு ஆம்ஸ்டர்டாம் சீஸ் அருங்காட்சியகத்தில் இருந்து சீஸைத் துருவுவதற்குப் பயன்படுத்தப்படும் ஒரு சீஸ் ஸ்கிராப்பர் திருடப்பட்டது. அதைத் திருப்பிக் கொடுத்தால் மிகப் பெரும் வெகுமதிகள் வழங்கப்படும்

என்று அறிவித்தும் அது திரும்பக் கிடைக்கவில்லை. திரு-
டியவர்களையும் இன்றளவும் பிடிக்க முடியவில்லை. திரு-
டும் அளவுக்கு அதில் என்ன சிறப்பம்சம் என்கிறீர்களா?
பிளாட்டினத்தால் செய்யப்பட்டு 220 வைரங்கள் பதிக்கப்-
பட்ட சீஸ் ஸ்கிராப்பர் அது.எங்கு பார்த்தாலும் சுழலும்
காற்றாலை, சீராக ஓடும் வாய்க்கால்கள், நிரம்பி வழியும்
பசுமை, பழமைவாய்ந்த கலாச்சாரம், அதேசமயம் நவீன
வாழ்க்கைமுறை இவை அனைத்தும் சேர்ந்து பழங்காலக்
கலாச்சாரமும் நவீன தொழில்நுட்பமும் இணைந்த ஓர் அற்-
புத நாடு எனும் அனுபவத்தைக் கொடுக்கின்றன.

காற்றாலை என்பது?

தற்போதைய சூழலில், மின் சக்திக்கு ஏற்றபடி காற்-
றாலையில் தேவை அதிகரித்துள்ளது. ஆரம்ப காலத்தில்,
சோளத்திலிருந்து மாவு தயாரிக்கவே இந்த காற்றாலை
அமைப்பு உருவாக்கப்பட்டது. தொடர்ந்து தண்ணீரை நிலத்-
தடியில் இருந்து மேலே கொண்டுவரவும் இந்த முறை பயன்-
படுத்தப்பட்டது.

காற்றாலை என்றால் என்ன? இந்த ஆற்றல் மூலத்தின்
நன்மை தீமைகள்

மின்சார உற்பத்தியின் சூழலில், காற்றாலை என்பது
மின்சாரத்தை உருவாக்குவதற்காக விசையாழி கூறுகளை
சுழற்ற காற்று இயக்கத்தைப் பயன்படுத்துவதாகும்.

காற்றாலை சூரியனுடன் தொடங்குகிறது: காற்றாலை
என்பது சூரிய சக்தியின் ஒரு வடிவமாகும், ஏனெனில்
காற்று சூரியனில் இருந்து வரும் வெப்பத்தால் ஏற்படுகிறது.
சூரிய கதிர்வீச்சு பூமியின் மேற்பரப்பின் ஒவ்வொரு பகு-
தியையும் வெப்பப்படுத்துகிறது, ஆனால் சமமாக அல்லது
ஒரே வேகத்தில் அல்ல. வெவ்வேறு மேற்பரப்புகள்-மணல்,
நீர், கல் மற்றும் பல்வேறு வகையான மண்-உறிஞ்சுதல்,
தக்கவைத்தல், பிரதிபலித்தல் மற்றும் வெவ்வேறு விகிதங்க-
ளில் வெப்பத்தை விடுவித்தல், மற்றும் பூமி பொதுவாக பகல்
நேரங்களில் வெப்பமாகவும் இரவில் குளிராகவும் இருக்கும்.

இதன் விளைவாக, பூமியின் மேற்பரப்பிற்கு மேலே உள்ள காற்றும் வெவ்வேறு வகிதங்களில் வெப்பமடைந்து குளிர்கிறது. வெப்ப காற்று உயர்கிறது, பூமியின் மேற்பரப்புக்கு அருகிலுள்ள வளிமண்டல அழுத்தத்தை குறைக்கிறது, இது அதை மாற்றுவதற்கு குளிரான காற்றில் ஈர்க்கிறது. காற்றின் அந்த இயக்கத்தை நாம் காற்று என்று அழைக்கிறோம்

மேலும் காற்றாலை மின் உற்பத்தி சுத்தமாக இருக்கிறது; இது காற்று, மண் அல்லது நீர் மாசுபாட்டை ஏற்படுத்தாது. இது காற்றாலை மற்றும் அணுசக்தி போன்ற புதுப்பிக்கத்தக்க எரிசக்தி ஆதாரங்களுக்கிடையேயான ஒரு முக்கியமான வேறுபாடாகும், இது நிர்வகிக்கக் கூடிய கழிவுகளை பெருமளவில் உற்பத்தி செய்கிறது.

உலகளாவிய காற்றாலை சக்தியை அதிகரிப்பதற்கான ஒரு தடையாக, மிகப் பெரிய காற்றின் இயக்கத்தைக் கைப்பற்ற காற்றாலை பண்ணைகள் பெரிய நிலப்பரப்புகளில் அல்லது கடற்கரையோரங்களில் அமைந்திருக்க வேண்டும்.

அந்த பகுதிகளை காற்றாலை மின் உற்பத்திக்கு ஒதுக்குவது சில சமயங்களில் வேளாண்மை, நகர்ப்புற மேம்பாடு அல்லது பிரதான இடங்களில் உள்ள விலையுயர்ந்த வீடுகளிலிருந்து வரும் நீர்நிலைக் காட்சிகள் போன்ற பிற நிலப் பயன்பாடுகளுடன் முரண்படுகிறது.

சுற்றுச்சூழல் கண்ணோட்டத்தில் அதிக அக்கறை செலுத்துவது காற்றாலை பண்ணைகள் வனவிலங்குகளுக்கு, குறிப்பாக பறவை மற்றும் மட்டை மக்கள் மீது ஏற்படுத்தும் விளைவுகள். காற்றாலை விசையாழிகளுடன் தொடர்புடைய பெரும்பாலான சுற்றுச்சூழல் பிரச்சினைகள் அவை நிறுவப்பட்ட இடத்தோடு பிணைக்கப்பட்டுள்ளன. இடம்பெயர்ந்த பறவைகளின் (அல்லது குளியல்) பாதையில் விசையாழிகள் நிலைநிறுத்தப்படும்போது ஏற்றுக்கொள்ள முடியாத எண்ணிக்கையிலான பறவை மோதல்கள் ஏற்படுகின்றன.

தமிழ்நாட்டின் தென்கோடி முனையான கன்னியாகுமரி நெல்லை மாவட்ட எல்லையில் சுமார் 7 ஆயிரத்துக்கும் அதிகமான காற்றாலைகள் உள்ளன. முப்பந்தல் பகுதியில்

இருந்து மட்டும் சுமார் 4000 மெகாவாட் மின்சாரம் உற்பத்தி செய்யப்பட்டது. இது இந்தியாவின் காற்றாலை மின் உற்பத்தியில் ஏறத்தாழ 45 சதவீதமாகும். புதுப்பிக்கத்தக்க எரிசக்தி உற்பத்தியில் உலக நாடுகளுடன் தமிழகம் போட்டியிட்டு வருகிறது. ஆண்டுதோறும் காற்றாலை, சூரிய மின்சக்தி நிறுவுதிறன் தொடர்ந்து அதிகரிக்கப்பட்டு வருவதால், முதல் 10 இடத்துக்குள் தமிழகம் வந்துள்ளது.

சுற்றுச்சூழல் பாதுகாப்பு கருதி தற்போது எரிசக்தி உற்பத்தியில், மரபுசாரா எரிசக்திக்கு அதிக முக்கியத்துவம் அளிக்கப்பட்டு வருகிறது. இந்தியாவில் வரும் 2022-ம் ஆண்டுக்குள் ஒரு லட்சத்து 75 ஆயிரம் மெகாவாட் மரபுசாரா மின் உற்பத்தி இலக்கு நிர்ணயிக்கப்பட்டுள்ளது. இதைத் தொடர்ந்து, தமிழகம் உட்பட பல மாநிலங்களிலும் சூரிய ஒளி பூங்காக்கள், காற்றாலை மின் உற்பத்திக்கான அமைப்புகள் நிறுவப்பட்டு வருகின்றன.

இந்நிலையில், அமெரிக்காவைச் சேர்ந்த திங்க்- டேங்க் எரிசக்தி பொருளாதாரம் மற்றும் நிதி பகுப்பாய்வு நிறுவனம் (ஐஇஇஎப்ஏ) மரபுசாரா எரிசக்தி தொடர்பாக கடந்தாண்டு கள ஆய்வு கொண்டது. உலகளவில் காற்றாலை மற்றும் சூரிய ஒளி மின் உற்பத்தி மற்றும் பயன்பாட்டில் சிறந்து விளங்கும் 15 நாடுகளில் அந்த நிறுவனம் ஆய்வு கொண்டது. இதில், டென்மார்க் 53 சதவீதத்துடன் முதலிடத்திலும், அடுத்தடுத்த இடங்களில் தெற்கு ஆஸ்திரேலியா மற்றும் உருகுவேவும் உள்ளது தெரியவந்தது. இந்த பட்டியலில் தமிழகம் 14 சதவீத உற்பத்தி மற்றும் பயன்பாட்டு அடிப்படையில் 9 வது இடத்தை பிடித்துள்ளதாக அந்த நிறுவனம் தெரிவித்துள்ளது.

இந்தியாவில் முதலிடம்: நாட்டிலேயே மரபுசாரா மின் உற்பத்தி நிறுவு திறனில் தமிழகம் (10 ஆயிரத்து 710 மெகாவாட்) முதலிடத்தில் உள்ளது. காற்றாலையை பொறுத்தவரை, 7 ஆயிரத்து 957 மெகாவாட்டுடன் குஜராத் (5,429), மகாராஷ்டிரா (4,752) மாநிலங்களை பின்னுக்குத் தள்ளி தமிழகம் முதலிடத்தை பிடித்துள்ளது. சூரிய

ஒளி மின் உற்பத்தியில், ஆந்திரா (2,010), ராஜஸ்தான் (1,961) மாநிலங்களுக்கு அடுத்து தமிழகம் ஆயிரத்து 864 மெகாவாட்டுடன் 3-ம் இடத்தை பிடித்துள்ளது. இவை தவிர, காய்கறி கழிவுகள் மூலம் 230 மெகாவாட், சர்க்கரை ஆலைகள் உள்ளிட்டவற்றில் இணை மின் உற்பத்தி மூலம் 659 மெகாவாட் மின்சார நிறுவுதிறனும் மரபுசாரா மின்சக்தியில் அடங்கும்.

கடந்த 10 ஆண்டுகளுக்கு முன்புவரை, தமிழகத்தில் மின் உற்பத்திக்கும் தேவைக்கும் இடையில் அதிகப்படியான இடைவெளி இருந்த நிலையில், தற்போது வளமான காற்று மற்றும் சூரிய ஒளியை பயன்படுத்த தொடங்கியதும், தெளிவான கொள்கைகளை தமிழக அரசு வகுத்ததும் இதற்கு காரணம் என்று அமெரிக்க நிறுவனத்தின் அறிக்கையில் தெரிவிக்கப்பட்டுள்ளது.

ஒளிரும் தென்தமிழகம்: திருநெல்வேலி, கன்னியாகுமரி, தூத்துக்குடி மற்றும் ராமநாதபுரம் ஆகிய தென் மாவட்டங்களில் காற்றின் வேகம் அதிகமுள்ள இடங்கள் கண்டறியப்பட்டு, ஏராளமான காற்றாலைகள் நிறுவப்பட்டுள்ளன. தென் மாவட்டங்களில் மட்டும் தற்போது 4,869 காற்றாலைகளில் மின்சாரம் உற்பத்தி செய்யப்படுகிறது. இதுபோல் திண்டுக்கல், கோவை மாவட்டத்தில் பல்லடம் மற்றும் திருப்பூர் உள்ளிட்ட பல்வேறு மாவட்டங்களிலும் 4500-க்கும் மேற்பட்ட காற்றாலைகள் நிறுவப்பட்டுள்ளன. இந்த காற்றாலைகள் மூலம் சீஸன் காலங்களில் 8 ஆயிரம் மெகாவாட் மின்சாரம் வரையில் உற்பத்தி செய்ய இலக்கு நிர்ணயிக்கப்படுகிறது.

தென் தமிழகத்தில் தற்போது காற்றாலைகள் மின்உற்பத்தியில் இந்தியாவின் சுஸ்லான், ஜெர்மனியின் சீமேன் ஹமீசா நிறுவனங்கள் முன்னணியில் இருக்கின்றன.

தற்போது தமிழகத்தில் திருநெல்வேலி மாவட்டம் ராதாபுரம் அருகே சங்கநேரி என்ற இடத்தில் மிகப்பெரிய அளவிலான ராட்சத காற்றாலை (S128) நிறுவப்பட்டு மின்உற்பத்திக்கான சோதனை ஓட்டம் நடைபெற்று வருகிறது. 140

மீட்டர் உயரத்தில் அமைக்கப்பட்டுள்ள இந்த காற்றாலையி-லிருந்து 2.6 முதல் 2.8 மெகாவாட் மின்சாரத்தை உற்பத்தி செய்ய முடியும். காற்றுவீச்சு குறைந்த நேரங்களிலும் ஓரள-வுக்கு மின்உற்பத்தி செய்யும் வகையில் இதில் தொழில்-நுட்பங்கள் இருக்கின்றன. இதுபோன்ற புதிய தொழில்-நுட்பத்துடன் கூடிய காற்றாலைகளை நிறுவுவதன் மூலம் மின்உற்பத்தி அளவை மேலும் அதிகரிக்க முடியும்.

காற்றாலை மின் உற்பத்தி: உலகம் முழுவதும் காற்று ஆற்றலைக் கொண்டு, மின்சாரம் உற்பத்தி செய்வது, ஒரு முக்கியமான செயல்பாடாக உருவெடுத்து வருகிறது. இந்த தொழில்நுட்பத்தின் கோட்பாடு, மிக எளிமையானதாகும். அடிக்கும் காற்று, டர்பனின் தகடுகளை சுழற்றும் போது, அதனால் ஜெனேரட்டரில் மின்சாரம் உற்பத்தி ஆகிறது. இந்த தகடும் ஜெனரேட்டரும் (நெசல் என்றும் அமைப்பில் பொருத்தப்பட்டிருக்கும்) ஒரு உயரமான டவரின் மேல் பொருத்தப்பட்டிருக்கும்..

தொழில்நுட்பம்: பொதுவாக டர்பனில் காற்று வீசும் போது, சுழலக்கூடிய மூன்று தகடுகள் நேரடியாக ஜெனேரட்-டர் உடனோ அல்லது கியர் பாக்ஸ் மூலமோ இணைக்கப்-பட்டிருக்கும். சுழலக்கூடிய மூன்று தகடுகள் பொருத்தப்பட்டி-ருக்கும் தலையானது நெசலின் உள் அமைக்கப்பட்டிருக்கும் ஜெனேரட்டருடன் இணைக்கப்படும். வேறு பல மின்னனு-வியல் பகுதிகளையும், காற்று திசையை, டர்பைன் எதிர் கொள்ளும் விதத்தில் திருப்பும் இயந்திர நுட்பத்தையும் நெச-லினுள் அமைக்கப்பட்டிருக்கும். காற்று திசையை அறிந்து கொள்ள உணரிகள் அமைக்கப்பட்டு, டவரின் தலைபகு-தியை காற்று திசைக்கு ஏற்ற வகையில் திருப்பப்படும்.

ஜெனேரட்டரினால் உற்பத்தியாகும் ஆற்றல், காற்றின் வேகத்திற்கு ஏற்ப தானாகவே கட்டுபடுத்தப்படும். ரோட்டரின் விட்டம் 30 மீ - 90 மீட்டர்

காற்றாலை சக்தியின் எதிர்கால வளர்ச்சி: சுத்தமான, புதுப்பிக்கத்தக்க எரிசக்தியின் தேவை அதிகரிக்கும் போது, எண்ணெய், நிலக்கரி மற்றும் இயற்கை எரிவாயு ஆகிய-

வற்றின் வரையறுக்கப்பட்ட விநியோகங்களுக்கு மாற்று வழி-
களை உலகம் அவசரமாக நாடுகையில், முன்னுரிமைகள்
மாறும்.

தொழில்நுட்ப மேம்பாடுகள் மற்றும் சிறந்த உற்பத்தி நுட்-
பங்கள் காரணமாக காற்றாலை மின்சாரம் தொடர்ந்து
குறைந்து வருவதால், மின்சாரம் மற்றும் இயந்திர சக்தியின்
முக்கிய ஆதாரமாக காற்றாலை சக்தி பெருகிய முறையில்
சாத்தியமாகும்.

உலகில் பல முறைகளில் மின்சாரம் உற்பத்தி செய்யப்-
படுகின்றது. நீர்மின் நிலையங்கள், அனல்மின் நிலையங்-
கள், அணுமின் நிலையங்கள், காற்றாலைகள், சூரிய சக்தி
உள்பட பல முறைகள் நடைமுறையில் உள்ளன. இதில்
அனைத்து முறைகளிலும் ஆற்றலை உருவாக்கி அதை
மின்சக்தியாக மாற்றப்படுகிறது. அவ்வாறு தான் காற்றாலை-
களும் செயல்படுகின்றன. உலகில் சீனாவில் தான் அதிக
காற்றாலை மின் உற்பத்தி செய்யப்படுகின்றது. இந்தியா
உலக அளவில் காற்றாலை உற்பத்தியில் 4 வது இடம்
பெற்றுள்ளது.

மின் உற்பத்தியில் காற்றாலையின் அமைப்பு: மின் உற்-
பத்திக்கு உருவாக்கப்படும் காற்றாலைகள், 200 லிருந்து
350 அடி உயரத்தில் அமைக்கப்படுகின்றது. காரணம் பிளே-
டுகள் சுழலும் போது எந்த இடையூறும் ஏற்படக்கூடாது.
அத்துடன், உயரம் அதிகமாக இருந்தால் காற்றும் இடை-
யூறு இல்லாமல் வந்து சேரும்.

காற்றாலையில் மூன்று அல்லது இரண்டு பிளேடுகள்
பொருத்தப்பட்டிருக்கும். இந்த பிளேடுகள் 120 அடிக்கும்
அதிகமான நீளம் கொண்டிருக்கும். இந்த பிளேடுகள் பைபர்
கிளாஸ் மூலம் தயாரிக்கப்படுகின்றது.

காற்றாலையில் தூண்கள், ஸ்டீல் மூலம் தயாரிக்கப்படும்.
இந்த அமைப்பு முழுவதும், ஒவ்வொரு காலநிலையையும்
எதிர் கொள்ளும் வகையில் பவுடர் கோட்டிங் மூலம் சாயம்
பூசப்பட்டிருக்கும். அதை 20 டன்னுக்கும் அதிகமான எடை
கொண்ட கான்கிரீட்டால் நிலையான அமைப்பை உருவாக்கி

நிறுவுகின்றனர். நிறுவும் போது மூன்று துண்டுகளை ஒன்றன் மேல் ஒன்றாக அமைப்பர். அந்த அமைப்பினுள் ஏணி போன்ற அமைப்பு இருக்கும் அந்த ஏணி போன்ற அமைப்பு தொழில் நுட்ப கோளாறை நிவர்த்தி செய்யும் போது அதன் மேல் ஏறிச் செல்லப் பயன்படுத்தப்படுகின்றது.

2019-ம் ஆண்டின் ஆய்வின்படி இந்தியாவிலேயே மிக அதிகமாக காற்றாலை மூலம் மின் உற்பத்தி செய்யும் மாநி-லம் தமிழ்நாடு. ஒட்டு மொத்த இந்தியாவின் மின் உற்பத்-தியில் தமிழ்நாடு 29 சதவீதத்தை (9231.77 மெகாவாட்) உற்பத்தி செய்கிறது. இது பல ஐரோப்பிய நாடுகளை விட அதிகம்.

இந்த அமைப்பிற்கு மேல் ஜெனரேட்டர் இணைக்கப்பட்-டிருக்கும். அந்த ஜெனரேட்டர் அமைப்பில், மூன்று பிளே-டுகள் பொருத்தப்பட்டிருக்கும். இதன் மொத்த அமைப்பும் செய்து முடிக்க மூன்று வாரக்காலம் வரை செலவாகும்.

செயல்முறை: காற்றின் வேகத்தை பொறுத்து பிளேடுகள் சுழல்கின்றது. இந்த பிளேடுகள் சுழலும் போது அதனுள் அமைக்கப்பட்டிருக்கும் ஜெனரேட்டர் சுழலும். நேரடியாக ஜெனரேட்டரால் பிளேடின் வேகத்தில் மின் உற்பத்தி செய்ய இயலாது. எனவே அத்துடன் கியர் பாக்ஸ் ஒன்று இணைக்-கப்பட்டிருக்கும்.

அந்த பிளேடும் ஜெனரேட்டரும் 1:90 என்ற விகித்தில் செயல்படும். அதாவது, பிளேடு 1 முறை சுற்றும் போது ஜெனரேட்டர் 90 முறை சுழல்கிறது. அவ்வாறு அந்த ஜெனரேட்டர் மின் சக்தியை உற்பத்தி செய்கின்றது.

அந்த மின் சக்தியை, காற்றாலையின் கீழே கொண்டு வரப்பட்டு கீழே ஒரு ஸ்டெப்பப் இணைக்கப்பட்டிருக்கும். அந்த ஸ்டெப்பப் மின்சக்தியாக மாற்றி, நமது பயன்பாட்டிற்கு கொண்டு செல்லலாம். காற்றாலை இவ்வாறு செயல்பட்டா-லும், அதில் ஒரு சிறிய சிக்கலும் உள்ளது. காரணம் காற்று எப்போதும் ஒரே பக்கத்தில் வீசுவதில்லை. அதற்கும் ஒரு அமைப்பு காற்றாலையினுள் அமைந்துள்ளது.

டர்பைனின் பின்புறம் velocity sensor பொருத்தப்-
பட்டிருக்கும். அது காற்றின் திசை அறிந்து yawing
machine மூலம் டர்பேனின் திசையை மாற்றுகின்றது.
அதேபோல் காற்றின் வேகத்தை பொருத்தும் அதன் பிளே-
டின் வேகத்தையும் கட்டுப்படுத்தி சமநிலையில் சுழல செய்-
கின்றது.

இத்தகைய அமைப்பிலும், சில வேளைகளில் இயற்கை
சீற்றத்தால் காற்றாடி ஆபத்தை சந்திக்கலாம். எனவே
இயற்கை சீற்றம் போன்ற காலங்களில் காற்றாடி இயங்காமல்
இருக்க உள்ளே ஒரு பிரேக் அமைப்பும் உள்ளது.

இந்தியா போன்ற பல நாடுகளில் மின்சக்தியை பெற
காற்றாலை பெருமளவில் பயன்படுத்தப்படுகின்றது. அதில்,
அமெரிக்கா, ஜெர்மனி, இங்கிலாந்து, பிரான்ஸ், பிரேசில்
போன்ற நாடுகளிலும் காற்றாலை மின்சாரம் முக்கிய பங்கு
வகிக்கிறது. உலகில் பல முறைகளில் மின்சாரம் உற்பத்தி
செய்யப்படுகின்றது. நீர்மின் நிலையங்கள், அனல்மின்
நிலையங்கள், அணுமின் நிலையங்கள், காற்றாலைகள்,
சூரிய சக்தி உள்பட பல முறைகள் நடைமுறையில்
உள்ளன. இதில் அனைத்து முறைகளிலும் ஆற்றலை உரு-
வாக்கி அதை மின்சக்தியாக மாற்றப்படுகிறது.

அவ்வாறு தான் காற்றாலைகளும் செயல்படுகின்றன.
உலகில் சீனாவில் தான் அதிக காற்றாலை மின் உற்பத்தி
செய்யப்படுகின்றது. இந்தியா உலக அளவில் காற்றாலை
உற்பத்தியில் 4 வது இடம் பெற்றுள்ளது. காற்றாலை என்பது?

தற்போதைய சூழலில், மின் சக்திக்கு ஏற்றபடி காற்-
றாலையில் தேவை அதிகரித்துள்ளது. ஆரம்ப காலத்தில்,
சோளத்திலிருந்து மாவு தயாரிக்கவே இந்த காற்றாலை
அமைப்பு உருவாக்கப்பட்டது. தொடர்ந்து தண்ணீரை நிலத்-
தடியில் இருந்து மேலே கொண்டுவரவும் இந்த முறை பயன்-
படுத்தப்பட்டது.

காற்றாலை என்றால் என்ன? இந்த ஆற்றல் மூலத்தின்
நன்மை தீமைகள்

மின்சார உற்பத்தியின் சூழலில், காற்றாலை என்பது மின்சாரத்தை உருவாக்குவதற்காக விசையாழி கூறுகளை சுழற்ற காற்று இயக்கத்தைப் பயன்படுத்துவதாகும Bottom of Form

இந்தியாவின் முக்கியமான 5 காற்றாலை நிலையங்கள்

இந்தியா காற்றாலை உற்பத்தியில் 4 வது இடம் பெற்றுள்ளது. தமிழ்நாடு அதில் 29% மின் உற்பத்தி செய்து முதலிடத்தில் உள்ளது.இந்தியாவில் உள்ள முக்கியமான 5 காற்றாலை நிலையங்கள்.

- முப்பந்தல் கன்னியாகுமரி, தமிழ்நாடு
- ஜெய்சால்மர் விண்ட் பார்க், ராஜஸ்தான்
- பிரம்மன்வெல் காற்றாலை, மகாராஷ்டிரா
- தமன்ஜோடி விண்ட் பார்ம், ஒடிசா
- துப்பதஹள்ளி காற்றாலை, கர்நாடகா

இந்தியா போன்ற பல நாடுகளில் மின்சக்தியை பெற காற்றாலை பெருமளவில் பயன்படுத்தப்படுகின்றது. அதில், அமெரிக்கா, ஜெர்மனி, இங்கிலாந்து, பிரான்ஸ், பிரேசில் போன்ற நாடுகளிலும் காற்றாலை மின்சாரம் முக்கிய பங்கு வகிக்கிறது.

உலகில் பல முறைகளில் மின்சாரம் உற்பத்தி செய்யப்படுகின்றது. நீர்மின் நிலையங்கள், அனல்மின் நிலையங்கள், அணுமின் நிலையங்கள், காற்றாலைகள், சூரிய சக்தி உள்பட பல முறைகள் நடைமுறையில் உள்ளன. இதில் அனைத்து முறைகளிலும் ஆற்றலை உருவாக்கி அதை மின்சக்தியாக மாற்றப்படுகிறது.அவ்வாறு தான் காற்றாலைகளும் செயல்படுகின்றன. உலகில் சீனாவில் தான் அதிக காற்றாலை மின் உற்பத்தி செய்யப்படுகின்றது. இந்தியா உலக அளவில் காற்றாலை உற்பத்தியில் 4 வது இடம் பெற்றுள்ளது.

www.ingramcontent.com/pod-product-compliance
Lightning Source LLC
Chambersburg PA
CBHW040108180526
45172CB00009B/1275
9781639749102